云计算关键技术

马宁　著

电子科技大学出版社

图书在版编目（CIP）数据

云计算关键技术 / 马宁著 . -- 成都 ：电子科技大

学出版社，2016.8

ISBN 978-7-5647-3791-7

Ⅰ．①云… Ⅱ．①马… Ⅲ．①计算机网络—研究

Ⅳ．① TP393

中国版本图书馆 CIP 数据核字 (2016) 第 168746 号

云计算关键技术

马 宁 著

出　　版：	电子科技大学出版社（成都市一环路东一段 159 号电子信息产业大厦　邮编：610051）
策划编辑：	谭炜麟
责任编辑：	谭炜麟
主　　页：	www.uestcp.com.cn
电子邮箱：	uestcp@uestcp.com.cn
发　　行：	新华书店经销
印　　刷：	三河市京兰印务有限公司
成品尺寸：	185mm×260mm　印张 5.5　字数 116 千字
版　　次：	2017 年 7 月第一版
印　　次：	2017 年 7 月第一次印刷
书　　号：	ISBN 978-7-5647-3791-7
定　　价：	58.00 元

目　录

第 1 章

云计算概论

　　互联网的高速发展孕育了云计算。云计算模式的出现使用户能享受高性能的计算资源、软件资源、硬件资源和服务资源。自从云计算的概念被提出来以后，立刻引起了业内各方极大的关注，现在云计算已成为信息领域的研究热点之一。虽然 IT 业界对云计算趋之若鹜，却鲜有人能给出云计算的真正含义，多数人都不清楚到底什么是云计算，人们最常见的感受就如同"雾里看花"，看不清云（Cloud）到底是什么样子，也不知道云计算能做什么。

1.1　云计算的产生背景

　　随着人类社会的进步，越来越多的资源以基础设施的形式被提供给人们使用，如水、电、煤气，用户只需要有一个简单的接口，就可以在任意时间根据自己需要的频度来使用这些基础设施，并按照资源的使用情况付费。如今，计算资源在人们的日常生活中逐渐变得重要，于是如何以更好的方式给公众提供计算资源受到了很多研究人员和实施者的关注。

　　在经济高速发展的现代，我们每天需要处理的数据正以几何倍数的速度快速增长，而目前 PC 依然是我们日常工作、生活中信息处理的核心工具。我们每个人拥有自己的软件、硬件，可以本地保存数据，而互联网只是让我们能更方便地获取信息和相互交流。这样，无论是单位还是个人，都不得不面对海量数据的背后对软、硬件配置不断部署、维护、升级的需求。这种需求越来越大，而且越来越难以承受。现实需要一种以较低成本投入就能获得方便、高效的公共计算资源。

　　随着高速网络的发展，互联网已连接全球各地，网络带宽极大提高，可以传递大容量数据。芯片和磁盘驱动器产品在功能增强的同时，价格也变得日益低廉，拥有成百上千台计算机的数据中心具备了快速为大量用户处理复杂问题的能力。互联网上一些大型数据中心的计算和存储能力出现冗余，特别是一些大型的互联网公司具备了出租计算资源的条件。技术上，并行计算、分布式计算，特别是网格计算的日益成熟和应用，提供了很多利用大规模计算资源的方式。基于互联网服务存取技术的逐渐成熟，各种计算、存储、软件、应用都可以以服务的形式提供给客户。所有这些技术为产生更强大的公共计算能力和服务提供了可能。

　　计算能力和资源利用效率的迫切需求、资源的集中化和各项技术的进步，推动了云计算（Cloud Computing）的产生。

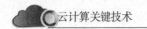

1.2 初识云计算

1.2.1 云计算的定义

云计算是一种 IT 世界基础设施的变迁，但是如何准确地定义它呢？事实上，很难用一句话说清楚到底什么才是真正的云计算。2009 年 1 月 24 日，Jeremy Geelan 在云计算杂志上发表了一篇题为"21 位专家定义云计算"的文章，其结果是 21 位专家给出了 21 种定义。到底什么是云计算？

维基百科对云计算的解释是：云计算是一种互联网上的资源利用新方式，可为大众用户依托互联网上异构、自治的服务进行按需即取的计算。由于资源是在互联网上，而在计算机流程图中，互联网常以一个云状图案来表示，因此可以形象地类比为云计算，"云"同时也是对底层基础设施的一种抽象概念。

伯克利大学的学者将云计算定义为：云计算包含互联网上的应用服务及在数据中心提供这些服务的软、硬件设施。互联网上的应用服务一直被称作软件即服务（Software as a Service，SaaS），所以我们使用这个术语。而数据中心的软、硬件设施就是我们所谓的"云"。

江南计算技术研究所的司品超等则认为：云计算是一种新兴的共享基础架构的方法，它统一管理大量的物理资源，并将这些资源虚拟化，形成一个巨大的虚拟化资源池。云是一类并行和分布式的系统，这些系统由一系列互连的虚拟计算机组成。这些虚拟计算机是基于服务级别协议（供应者和消费者之间协商确定）被动态部署的，并且作为一个或多个统一的计算资源存在。与传统单机、网络应用模式相比，云计算具有虚拟化技术、动态可扩展、按需部署、高灵活性、高可靠性、高性价比等六大特点。

看了这几个定义后，我们对云计算有了大概的了解。其实云计算到底是什么，还取决于人们所关注的兴趣点。不同的人群看待云计算会有不同的视图和理解。我们可以把人群分为云计算服务的使用者、云计算系统规划设计开发者和云计算服务的提供者三类。

如果从云计算服务的使用者角度来看，云计算可以用图来形象地表达。如图 1-1-1 所示，云非常简单，一切的一切都在云里边，它可以为使用者提供云计算、云存储以及各类应用服务。作为云计算的使用者，不需要关心云里面到底是什么、云里的 CPU 是什么型号的、硬盘的容量是多少、服务器在哪里、计算机是怎么连接的、应用软件是谁开发的等问题，而需要关心的是随时随地可以接入、有无限的存储可供使用、有无限的计算能力为其提供安全可靠的服务和按实际使用情况计量付费。云计算最典型的应用就是基于 Internet 的各类业务。云计算的成功案例包括：Google 的搜索、在线文档 Google-Docs、基于 Web 的电子邮件系统 Gmail; 微软的 MSN, Hotmail 和必应（Bing）搜索；Amazon 的弹性计算云（EC2）和简单存储服务（S3）业务等。

简单来说，云计算是以应用为目的，通过互联网将大量必需的软、硬件按照一定的形式连接起来，并且随着需求的变化而灵活调整的一种低消耗、高效率的虚拟资源服务的集合形式。而对于云计算来说，它更应该属于一种社会学的技术范围。相比于物联网的对原有技术进行升级的特点，云计算则更有"创造"的意味。它借助不同物体间的相关性，把不同的事物进行有效的联系，从而创造出一个新的功能。

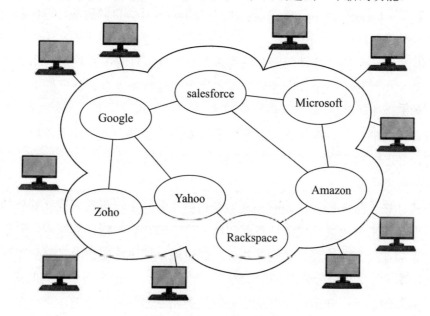

图 1-1-1　云计算概念结构

1.2.2　云计算的特征

1. 有关概念

云计算是效用计算（Utility Computing）、并行计算（Parallel Computing）、分布式计算（Distributed Computing）、网格计算（Grid Computing）、网络存储（Network Storage）、虚拟化（Virtualization）、负载均衡（Load Balance）等传统计算机和网络技术发展融合的产物。云计算的基本原理是令计算分布在大量的分布式计算机上，而非本地计算机或远程服务器中，从而使得企业数据中心的运行与互联网相似。

云计算常与效用计算、并行计算、分布式计算、网格计算、自主计算相混淆。这里有必要介绍一下这些计算的特点。

（1）效用计算。

效用计算（Utility Computing）是一种提供计算资源的商业模式，用户从计算资源供应商处获取和使用计算资源，并基于实际使用的资源付费。效用计算主要给用户带来经济效益，是一种分发应用所需资源的计费模式。相对效用计算而言，云计算是一种计算模式，它代表了在某种程度上共享资源进行设计、开发、部署、运行应用，以及资源的可扩展/收缩和对应用连续性的支持。

（2）并行计算。

并行计算（Parallel Computing）是指同时使用多种计算资源解决计算问题的过程。并行计算是为了更快速地解决问题、更充分地利用计算资源而出现的一种计算方法。

并行计算将一个科学计算问题分解为多个小的计算任务，并将这些小的计算任务在并行计算机中执行，利用并行处理的方式达到快速解决复杂计算问题的目的，它实际上是一种高性能计算。

并行计算的缺点是将被解决的问题划分出来的模块是相互关联的，如果其中一个模块出错，必定影响其他模块，再重新计算会降低运算效率。

（3）分布式计算。

分布式计算（Distributed Computing）是利用互联网上众多的闲置计算机的计算能力，将其联合起来解决某些大型计算问题的一门学科。与并行计算同理，分布式计算也是把一个需要巨大的计算量才能解决的问题分解成许多小的部分，然后把这些小的部分分配给多个计算机进行处理，最后把这些计算结果综合起来得到最终的正确结果。与并行计算不同的是，分布式计算所划分的任务相互之间是独立的，某一个小任务出错不会影响其他任务。

（4）网格计算。

网格计算（Grid Computing）是指分布式计算中两类广泛使用的子类型：一类是在分布式的计算资源支持下作为服务被提供的在线计算或存储；另一类是由一个松散连接的计算机网络构成的虚拟超级计算机，可以用来执行大规模任务。

网格计算强调资源共享，任何人都可以作为请求者使用其他节点的资源，同时需要贡献一定资源给其他节点。网格计算强调将工作量转移到远程的可用计算资源上；云计算强调专有，任何人都可以获取自己的专有资源，并且这些资源是由少数团体提供的，使用者不需要贡献自己的资源。在云计算中，计算资源的形式被转换，以适应工作负载，它支持网格类型应用，也支持非网格环境，比如运行 Web 2.0 应用的三层网络架构。网格计算侧重并行的计算集中性需求，并且难以自动扩展；云计算侧重事务性应用，大量的单独的请求，可以实现自动或半自动扩展。

（5）自主计算。

自主计算（Self Computing）是由美国 IBM 公司于 2001 年 10 月提出的。IBM 将自主计算定义为"能够保证电子商务基础结构服务水平的自我管理（Self Managing）技术"。其最终目的在于使信息系统能够自动地对自身进行管理，并维持其可靠性。

自主计算的核心是自我监控、自我配置、自我优化和自我恢复。自我监控，即系统能够知道系统内部每个元素当前的状态、容量以及它所连接的设备等信息；自我配置，即系统配置能够自动完成，并能根据需要自动调整；自我优化，即系统能够自动调度资源，以达到系统运行的目标；自我恢复，即系统能够自动从常规和意外的灾难中恢复。

事实上，许多云计算部署依赖于计算机集群（但与网格计算的组成、体系结构、目的、工作方式大相径庭），也吸收了自主计算和效用计算的特点。它旨在通过网络把多个成本相对较低的计算实体整合成一个具有强大计算能力的完美系统，并借助一些先进的商业模式把这个强大的计算能力分布到终端用户手中。

2．云计算的特征

云计算的一个核心理念就是通过不断提高"云"的处理能力，进而减少用户终端的处理负担，最终使用户终端简化成一个单纯的输入输出设备，并能按需享受"云"强大的计算处理能力。云计算的中心思想是将大量用网络连接的计算资源统一管理和调度，构成一个计算资源池，向用户提供按需服务。云计算的特征主要表现在以下几个方面：

（1）超大规模。"云"具有相当的规模，Google 云计算已经拥有 100 多万台服务器，Amazon，IBM，Microsoft，Yahoo 等的"云"均拥有几十万台服务器。"云"能赋予用户前所未有的计算能力。云业务的需求和使用与具体的物理资源无关，IT 应用和业务运行在虚拟平台之上。云计算支持用户在任何有互联网的地方，使用任何上网终端获取应用服务。用户所请求的资源来自于规模巨大的云平台。

（2）高可扩展性。"云"的规模超大，可以动态伸缩，满足应用和用户规模增长的需要。

（3）虚拟化。云计算是一个虚拟的资源池，用户所请求的资源来自"云"，而不是固定的有形的实体。用户只需要一台笔记本或者一部手机，就可以通过网络服务来实现自己需要的一切，甚至包括超级计算这样的任务。

（4）高可靠性。用户无须担心个人计算机崩溃导致的数据丢失，因为其所有的数据都保存在云里。

（5）通用性。云计算没有特定的应用，同一个"云"可以同时支撑不同的应用运行。

（6）廉价性。由于"云"的特殊容错措施，因而可以采用极其廉价的节点来构成云。云计算将数据送到互联网的超级计算机集群中处理，个人只需支付低廉的服务费用，就可完成数据的计算和处理。企业无须负担日益高昂的数据中心管理费用，从而大大降低了成本。

（7）灵活定制。用户可以根据自己的需要定制相应的服务、应用及资源，根据用户的需求，"云"来提供相应的服务。

1.2.3 云计算的优缺点

1．云计算的优点

云计算具有一些新特征，其优点突出表现在以下几个方面：

（1）降低用户计算机的成本。用户不需要购买非常高端的计算机来运行云计算的Web应用程序，因为这些应用程序在云上面（而不是在本地）运行，所以桌面PC不需要传统桌面软件所要求的处理能力和存储空间。

（2）改善性能。因为大部分的软件都在云上运行，所以用户的计算机可以节省更多的资源，从而获得更好的性能。此外，由于"云"中的服务只需支持单一环境，因此运行更快。

（3）降低IT基础设施投资。大型组织的IT部门可通过向云迁移来降低成本。通过利用云的计算和存储能力替代内部的计算资源，企业可以减少IT的初期投资。那些需要处理高峰负载的企业，也不再需要购买设备来应付负载峰值（在平时闲置），这种需求可以通过云计算轻松处理。

（4）减少维护问题。云计算能够为各种规模的组织显著地降低硬件和软件的维护成本。硬件都由云计算提供者管理，所以组织基本上不用再进行硬件维护。系统软件等也是同样的情况。

（5）减少软件开支。由于各种成本的降低，一般基于云计算的服务收费比传统的软件要低，而且许多公司（例如Google）都免费提供其Web应用程序。

（6）即时的软件更新。另一个跟软件相关的优势是用户不用再面对陈旧的软件和高昂的升级费用。基于Web的应用程序都能自动更新，用户每次使用程序时，得到的都是最新的版本。

（7）计算能力的增长。当用户与云计算系统连接之后，可以支配整个云的计算能力。

（8）无限的存储能力。云可以提供事实上近乎无限的存储能力。

（9）增强的数据安全性。在桌面计算机上，硬盘崩溃可能损坏所有有用的数据，但是云里面一台计算机的崩溃不会影响到存储的数据，这是因为云会自动备份存储的数据。

（10）改善操作系统的兼容性。不同操作系统之间的数据共享是非常麻烦的，但是对于云计算，重要的是数据，而不是操作系统，用户可以将 Windows 连接到云其他不同的操作系统，共享文档和数据。

（11）改善文档格式的兼容性。由 Web 应用程序创建的文档可以被其他任何使用该应用程序的用户读取，当所有人都使用云进行文档和应用的共享时，不会存在格式的兼容性问题。

（12）简化团队协作。通过共享文档可以进行文档合作，对许多用户来说，这是云计算最重要的优点之一。简单的团队合作意味着可以加快大多数团体项目的进度，同时也让分布在不同地理位置的团队合作变为可能。

（13）没有地点限制的数据获取。通过云计算，用户不需要将文档随身携带，所有的数据都在云中，只需要一台计算机和网络连接就可以获取所需数据。

2．云计算的缺点

云计算在体现出其独特的优点的同时，也存在一些缺点，主要表现在以下 6 个方面：

（1）要求持续的网络连接。因为用户需要通过互联网来连接应用程序和文档，假如没有网络连接，用户将什么都不能做。现在有些 Web 应用程序在没有网络连接的时候也可以在桌面上运行，例如 Google Gears，这项技术可以将 Google 的 Web 应用程序如 Gmail 变成本地运行的程序。

（2）低带宽网络连接环境下不能很好地工作。Web 应用程序都需要大量的带宽进行下载，例如 Gmail 包含大量的 JavaScript 脚本，在低带宽网络连接环境下页面装载很困难，更别说利用其丰富的特性。换句话说，云计算不是为低带宽网络准备的。

（3）反应慢。即使有相当快的网络，Web 应用程序也可能比桌面应用程序反应慢得多，因为从界面到数据都需要在客户端和服务器进行不断的传递。

（4）功能有限制。虽然这个问题在将来必然会改善，但是现在许多 Web 应用程序和其对应的桌面应用程序相比，功能缩水很多。以 Google 文档和 Microsoft Office 为例，它们的基本功能差别不大，但是 Google 文档缺乏许多 Microsoft Office 的高级特性。

（5）无法确保数据的安全性。如果把数据都保存在云中，由于云的公共获得性，无法确保机密数据不会被其他用户窃取。

（6）不能保证数据不会丢失。理论上，保存在云中的数据是冗余的，不会存在丢

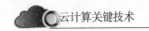

失的问题，然而现在大部分云计算提供者都没有服务水平协议（SLA）。也就是说，如果用户的数据不见了，云计算提供者并不负责。

1.3 国际云计算应用现状

全球云计算产业虽处于发展初期，市场规模不大，但将会引导传统 ICT 产业向社会化服务转型，未来发展空间十分广阔。本节以云计算应用发展较迅速的美国、欧盟、澳洲、日本、新加坡为例，对国际云计算应用现状进行简要说明。

1. 美国

美国云服务市场规模约占全球的 60%，2011 年年底，美国有很多企业投入到云计算的 SaaS 和 PaaS 研发，其中知名企业近 200 家，涉及几乎所有的云计算关键领域。美国部分云服务企业已经具备了提供大规模全球化云计算服务的能力，并主导云计算的技术发展方向，且已在很多行业和政府部门得到广泛应用。其中在制造业，美国 GXS 云计算平台为成千上万的制造企业使用 GXS Trading Grid 进行日常的需求预测、物料管理与财务结算；在医疗行业，美国卫生和公共服务部（HHS）正利用云计算支持电子健康档案系统的实施，且 HHS 正在部署一个由 Salesforce.com 提供的基于云的客户关系和项目管理解决方案；对于美国政府来说美国总务署（GSA）的 Apps.gov 致力于云计算工程的计划、开发及应用，以此来提高联邦政府的运作效率，优化公共服务，提高政府透明度；在教育行业，美国格雷汉姆小学的桌面云为全校 600 名师生带来虚拟电脑桌面，师生通过终端设备连接"通用云计算服务"来获取虚拟电脑桌面，同时为学生提供丰富的学习材料。

2011 年，美国联邦政府计划在发展云计算应用方面的开支约为 200 亿美元，占联邦政府 IT 总花销（800 亿美元）的 1/4。在此之前，美国联邦政府白宫管理和预算办公室已着手实施了一项"云优先"政策，要求政府机构在进行任何新投资之前先对安全可靠的云计算方案进行评估，从而了解云计算的价值，加快向云服务迁移的步伐。根据"云优先"政策的要求，各部门将重新修改 IT 项目方案，以便充分利用云计算优势，高效地使用设备，提高 IT 灵活性和响应能力，降低开销。通过提高 IT 资产使用效率和促进私营部门创新成果的利用，云计算将使政府更加高效、灵活和富于创新。如果一个机构需要启动一项新的创新项目，不必购买昂贵的硬件，只需利用云基础设施便可快速实施，从而节省时间，降低部署成本。在政策驱动下，大量的联邦政府机构正在采用云技术，并且实现了可观的效益。例如，美国国家航空和航天局（NASA）的星云项目，利用社区云使研究人员快速获得相对低廉的 IT 服务。

联邦政府云服务门户 Apps.gov 是"云优先"战略的重要组成部分。该门户是一个以云计算为基础架构、以 IT 公共服务为主要产品的在线应用商店平台。各个联邦机构可以通过 Apps.gov 浏览及购买相关云服务。通过 Apps.gov 网站，政府用户可以享受云技术带来的诸多益处：①经济性，云服务是一种即付即用的 IT 资源使用方法，它可以降低初始投资，根据需求的实际变化调整投资；②灵活性，在用户需求发生变动后，IT 部门不需要调整软件和硬件配置，而是可以通过云服务迅速抓取或释放相关资源及系统处理能力；③快捷性，Apps.gov 提供各类云计算服务，利用 Apps.gov 网站，可以缩减政府部门冗长的采购周期，加快系统建设进程。

在美国，不仅联邦政府制定各种计划在推进云计算，还有更多部门协作：国家标准和技术委员会负责领导和牵头组织联邦政府、地方政府机构 CIOs、私有企业专家、国际组织建立云计算的标准和指引；总务管理局负责建立政府采购机制，在政府范围内对基于云计算的申请提供解决方案；国土安全部（DHS）负责监测云计算的运行安全；美国联邦 CIO 理事会负责云计算在政府范围内的推广，确定下一代的云计算技术，并分享最佳实践及可重复使用的分析案例和模板；管理和预算办公室将负责协调各政府机构设立全面的云优先策略，并向政府机构提供指导；其他机构在对云计算解决方案进行充分考虑的基础上，负责评估自身的采购策略。

2．欧盟

在欧盟，云计算也在相当多政府部门和行业中得到了充分应用。如欧洲环境署（EEA）的云计算应用，该项目包含 22 000 个水处理站、10 000 个空气检测站及 35 个数据提供机构，范围覆盖整个欧洲。该项目提供气候变化对欧洲造成的地面变化信息来指导农业生产。

2010 年 10 月，德国联邦经济和技术部发布《云计算行动计划》，旨在"大力发展云计算，支持云计算在德国中小企业的应用，消除云计算应用中遇到的技术、组织和法律问题"。

2011 年 11 月，英国政府宣布将启动政府云服务（G-Cloud），并投资 6 000 万英镑建立公共云服务网络；英国财务部预计英国政府每年 160 亿英镑的 IT 预算中将有 32 亿英镑采用云计算；英国政府的目标是到 2015 年，至少有 50% 的政府公共部门的信息技术资源通过 G-Cloud 购买；为服务 2012 年伦敦奥运会，伦敦交通局和微软合作，基于微软的 Windows Azure 云平台共同建立了一个为移动应用开发商提供的、包含免费交通信息的在线开发平台 Tracker Net。

另外，欧盟委员会启动了一项旨在进一步开发欧洲云计算潜力的战略计划，希望能在经济领域加速和扩大云计算的应用，并创造大量的就业机会。为实施这项计划，欧盟委员会制定了一系列措施，主要包括筛选众多技术标准，使服务用户在互操作性、数据的便携性和可逆性方面得到保证，到 2013 年确定这些方面的必要标准；支持在欧盟范围内开展"可信赖云服务供应商"的认证计划；为云计算合同，特别是服务水平协议制定"安全和公平"模式下的合同条款；利用公共部门的购买力（占全部 IT 支出的 20%）来建立欧盟成员国与相关企业欧洲云计算业务之间的合作伙伴关系，确立欧洲云计算市场，促使欧洲云计算供应商扩大业务增长并提供性价比高的在线管理服务。

欧盟希望到 2020 年，云计算能够在欧洲创造 250 万个新就业岗位，每年能够创造 1 600 亿欧元的产值，即达到欧盟国民生产总值的 1%。

3．澳洲

根据毕马威公司的调查显示：云技术受到了澳洲的小型和处于起步初期的企业的关注，云应用每年将为澳洲 GDP 贡献 30 亿美元的增长。Forrester Research（弗雷斯特研究公司）研究区域的调查结果也表明：91% 的澳洲公司正在部署虚拟化技术，有 47% 的澳洲企业正在使用云计算服务。当地政府也不甘落后，正在计划全面部署各地级机构的云计算系统，澳洲财政部网站（data.gov.au）更是率先托管到了云平台上；在金融行业中，澳洲西太银行利用富士通澳洲公司提供的云计算 SaaS，在专属网络基础设施和专属服务器及存储设施基础上，为西太银行及各下属金融机构的 40 000 用户提供统一电子邮件和协同服务；在电信业，IPscape 公司为澳大利电信和全球业务 VCC（Virtual Call Center，虚拟呼叫中心）提供"公有云"呼叫中心解决方案，此方案可帮助企业改造昂贵而复杂的传统呼叫中心等；澳洲冲浪救生组织，将他们的会员、培训、监控、订货和声音识别系统与公共海滩安全网站、会员自助门户等云服务平台融合，该组织宣称通过这一系列举措每年能节约 40 万美元的成本。

4．日本

日本云计算应用虽然落后于美国和欧盟国家，但日本政府也在奋起直追，大力推广云计算在各行业的应用，其中当属金融、教育、医疗行业的应用最为迅速。住友生命保险公司在核心业务资金运用领域使用云计算，此举可节省 40% 的系统开发维修费用；日本明治大学和日立公司合作，计划在全校范围内推广云计算系统，以方便师生使用各种软件和服务，同时节省相关费用；日本的电信服务提供商 KDDI 更早在 2010 年 10 月初宣布正式开展"医疗健康云计算"业务；在其他行业如制造业中，很多企业接受云计算服务，用来开发产品，如风险企业 VISI0 NARE 通过云计算服务制作、传送网络影像，使成本降低 90% 等；在政府应用方面，日本总务省提出了数字日本创新计划（霞关云计划），旨在建立新型信息通信技术市场，助力日本经济发展。

日本政府很早就认为云计算的时代已经来临，在其 2009 年发布的《i-Japan 战略 2015》中就要求政府建设"被称为云计算的新的信息、知识利用环境"。为了推动云计算技术的发展与应用，日本总务省相继设立了若干个研究会，从以下 4 个角度推动相关战略的制订：标准化或法律法规的国际协调策略；核心设备数据中心的国际引导策略；以削减经费为目标的政府信息系统整合构想"霞关云"（中央政府办公平台）；都道府县、市镇村系统一体化的自治体云（地方电子政务信息系统）。目前总务省设立的研究会有智能云研究会、政府信息系统建设方向研究会、云计算时代数据中心应用策略研讨会等。

日本经济产业省于 2010 年 8 月发布了《云计算与日本竞争力研究》报告。报告指出，将从完善基础设施建设、改善制度、鼓励创新 3 个方面推进云计算发展。报告计划通过开创基于云计算的新服务开拓全球市场，2020 年前培育出超过 40 万亿日元的新市场。例如，在云计算平台上，基于传感器信息采集技术，挖掘新的需求，创造新的服务；通过扩大远程办公，提升生产力与工作参与度，实现 GDP 助长 0.3%；通过在交通领域引进实时智能管控系统，改善能源使用效率，实现相对于 1990 年 7% 的 CO_2 减排。为了实现云计算平台的经济效果与社会效果，报告中详细说明了日本政府所应采取的政策。

在完善基础设施建设方面，在日本国内更多地区搭建数据中心，同时通过云计算技术，提升数据中心的节能环保指标及稳定性。包括促进高稳定性、节能技术的开发和标准化；促进数据中心的建设和合作；提供相关设备和终端的功能及性能；强化云计算时代的人才培养。

在改进制度方面，使数据可供外界使用。包括放松对异地数据存储、服务外包的管制；在充分考虑个人信息匿名化与信息安全的基础上，完善信息使用与传播的规章制度；制订数字化教材等电子出版物的可重复使用制度；明确云服务的质量管理和问责制度；促进政府部门的云计算服务应用；为云计算数据平台上的数据跨国境应用、云计算国际业务开展制订国际规则。

在鼓励创新方面，基于海量数据实时处理，开创新的市场需求领域，构建相应的业务平台；开创行业间融合应用的新服务；验证新型社会系统（电力、医疗、教育、交通等）；扶持开拓基于云计算业务的国际市场。

另外，日本政府将扩大日本开源促进论坛对云计算领域发展的参与度。日本开源促进论坛是以推广开源软件应用为目的、由日本大型计算机厂商与大型系统集成服务

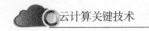

商为主组成的一个团体。一直以来，日本开源促进论坛密切配合日本政府的开源软件促进措施开展各项活动。

5．新加坡

据 IDAS（Infocomm Development Authority of Singapore，新加坡资讯通信发展管理局）2012 年 4 月做的市场研究显示，在东盟国家中，新加坡的云计算应用与成熟度始终保持着市场领先地位，50% 有网络连接的企业已经开始使用 SaaS，且 SaaS 的应用将以 20% 的复合年增长率增长，2015 年新加坡将有 1/3 的企业应用 SaaS，同时 IaaS 的应用也将以 21% 的复合年增长率增长。新加坡资讯通信发展管理局已推出"政府云"（G-Cloud）计划，这将是新一代"整体政府"托管基础设施；新加坡教育部的云计算平台把新加坡 350 所学校的 3 万多名教职员工协同起来，加强彼此在"云"里的互动和合作；在 2010 年的首届青奥会上，赛事和比赛结果的管理、场地出入管理、其他相关网络应用、邮件服务与网页托管都基于由 Alatum 提供的云服务等。

上述 5 个国家 / 地区（特别是美国）乃云计算发展的先驱，为云计算在全球的发展起到了示范作用。除这几个国家 / 地区之外，其他国家也在大力发展云计算。例如，韩国早在 2009 年 12 月，就已经推出云计算全面振兴计划，决定在 2014 年之前向云计算领域投资 6 146 亿韩元（约 34 亿元人民币），争取使韩国云计算市场的规模扩大 4 倍，达到 2.5 万亿韩元（约 138 亿元人民币），同时树立了将韩国相关企业的全球市场占有率提高至 10% 的目标。印度 2011 年就将云计算产业列为最重要的发展战略方向之一。印度政府 2010 年 3 月宣布，将打造全球首个向市民提供使用云计算技术的电子政府服务系统。此外，印度软件和服务业企业行业协会就如何使用这种新兴技术推进电子政务服务进行磋商，并通过"政府云计算论坛"来推进云计算产业的发展。

1.4 我国云计算应用现状

云计算广泛采用虚拟化、分布式存储、并行计算、动态资源分配等先进技术，具有巨大的规模经济效益，在大规模数据挖掘中优势明显。在各国云计算应用不断发展的同时，我国也大力推动云计算相关产业的发展。为加强我国云计算创新发展顶层设计和科学布局，推进云计算中心（平台）建设，在充分考虑各地区产业发展情况的基础上，经研究，国家发展改革委、工业和信息化部拟按照自主、可控、高效原则，在北京、上海、深圳、杭州、无锡 5 个城市先行开展云计算创新发展试点示范工作。5 个试点城市是中国云计算发展大潮中的领跑者。这些城市已经具备了相当的信息化基础，也出台了一些相应的产业促进措施，可以说已经具备了发展云计算产业的良好产业环

境和政策环境。下面对 5 个试点城市的云计算应用情况进行简要介绍。

1．北京

北京市经济信息化委员会与北京市发展和改革委员会联合出台的《北京市软件和信息服务业"十二五"发展规划》强调云计算在信息产业发展中的重要意义。《北京市软件和信息服务业"十二五"发展规划》中指出，新 IT 应用模式云计算将成为发展重点，以云计算为后台支撑、以 IT 资源随需而取、一切皆服务为特征的新 IT 应用模式将重塑北京产业格局。

《北京市软件和信息服务业"十二五"发展规划》提出了北京市 2015 年云计算相关产业的发展目标，即建立以云计算技术为支撑，包括新型终端、软件、内容、运营服务为一体的信息服务运营平台，围绕移动互联网、下一代互联网、融合性网络电视业务三大方向，重点打造智能手机、平板电脑、网络电视、电子书、企业应用、位置服务、视频聚合、网络社交、个人应用软件服务和电子商务十大平台，带动整合千家软件和信息服务企业，形成以平台型企业为龙头的新型产业价值链。《北京市软件和信息服务业"十二五"发展规划》还提出，利用云计算技术改造一批传统的行业解决方案，支持行业解决方案提供商建设面向行业应用的 SaaS 平台。以电子政务、电信、金融等行业为突破口，积极进军国际市场，成为国际 IT 服务的提供商。同时，抓住云计算产业兴起的机会，组织实施"祥云工程"行动计划。建设大型的云计算服务运营中心，支撑互联网信息服务与移动互联网信息服务的融合发展。积极发展面向企业应用的软件服务，促进传统行业应用软件企业向服务型转变。力争到 2015 年，形成十余家规模级基础设施即服务（IaaS）企业，发展百家有独特技术价值、良好商业模式的平台即服务（PaaS）和软件即服务（SaaS）企业，打造几个具有世界先进水平的互联网信息服务运营平台，云产业水平位居世界各主要城市前列。

北京市经济信息化委员会发布的《北京市"十二五"时期电子信息产业发展规划》提出，北京市将打造完整的云计算产业链，保持与全球同步的发展态势。

《北京市"十二五"时期电子信息产业发展规划》提出，北京市将以云计算创新服务试点城市建设为契机，加快实施"祥云工程"行动计划，以云计算技术为支撑，充分发挥三大电信运营商总部在北京的独特优势，打造完整的云计算产业链，引领云计算产业跨越式发展，形成北京云计算产业向全国辐射、保持与全球同步发展的态势。

另外，据了解，目前北京已成为全球综合性软件和信息服务城市之一，其软件和信息服务业以行业应用软件和信息服务为主体，产业链相对完整，优势领域比较突出。在行业应用软件方面，以政府、金融、电信、制造业、能源、教育等领域的行业解决

方案为代表，收入规模约占全国市场的 1/3。

2．上海

上海市经济信息化委员会颁布的《上海市信息服务业发展"十二五"规划》中明确指出，加快云计算等新兴信息服务业发展，积极开展示范应用，突破关键技术和创新商业模式，为培育上海信息服务业新增长点、提升产业综合竞争力奠定坚实基础。

《上海市信息服务业发展"十二五"规划》强调推进虚拟化技术、云管理、云存储、云中间件、云安全等云计算技术的研发和产业化。探索云计算新型商业模式，推动 Iaas，Paas，SaaS 等云计算产业链各环节的发展，形成覆盖电子政务、市民服务、工业、现代服务业和中小企业服务等领域的云计算示范项目及解决方案。建设节能、环保、高效的云海数据中心，推动传统电信运营商和其他第三方数据中心向云计算基础设施服务商转型。建设智慧岛数据产业园，集聚数据产业链上下游龙头企业。打造可靠、可信的云计算生态环境，推动传统信息安全企业向云安全解决方案提供商转型。

上海市政府在市高新技术产业化资金中设立云计算专项，每年安排不少于 2 亿元资金，支持总投资超过 2 000 万元的产业化项目。首批启动云计算项目达 14 个，计划总投资 32.5 亿元，年投资 7.3 亿元。根据上海市发布的云海计划，计划经过 3 年的努力实现在云计算领域"十、百、千"的发展目标：十个面向城市管理、产业发展、电子政务、中小企业服务等领域的示范平台；百家软件和信息服务企业向云计算服务转型；带动信息服务业新增经营收入千亿元。此外，上海市也正在酝酿更多的云计算与服务行业优惠政策，已经确定的是云计算与服务行业企业将视同软件企业，如在所得税和增值税方面享受政府的优惠政策。

目前，云海计划在上海确立了 10 项典型应用示范工程，即"十朵云"。其中，工业云、金融云、科技云、电力智能云、中小企业云都是面向不同行业领域的"专业云"。如电力智能云，能利用整个城市电力系统的内网信息，帮助智能电网进行电力运行调度、电网监控保护和输配电。政务云、教育云、健康云、交通云、文化云等更是直接与民生信息服务息息相关。如"交通云"将车辆监控、路况监控等错综复杂的信息集中到云计算平台进行处理和分析，建立了一套信息化、智能化、社会化的交通信息服务系统，使城市交通设施发挥出最大效能。事实上，云海计划中的云计算服务已经走入上海市民的生活。如申城数百万家庭使用的数字电视、IPTV 等，其实都已成为云计算的无数"云端"之一，其背后庞大的媒体内容平台库开始采用基于云计算的分布式技术，为各频道运营商提供海量数字节目的存储、检索、加工、包装、分发等服务，如同一张音 / 视频产品的物流网。

另外，上海超级计算中心、各电信运营商和独立数据中心提供商拥有庞大的计算和存储资源，并已对各自的基础设施资源启动了云计算模式的升级改造。目前，建有 IDC 的机房有 30 多处，总机架 12 000 个，面积 10 万平方米，一半左右可提供高等级服务，上海电信提出云主机服务，上海联通成立 IDC 及云计算基础设施运营部门。

为集聚和培育云计算领域企业，形成云计算产业链，上海市经济信息化委员会在闸北、杨浦分别设立了云计算产业基地与创新基地，设立云海创业投资基金，组建包括上海软件产业促进中心、华东电脑、盛大、浪潮、华为、上海电信、复旦、交大等 90 多家单位在内的云海产业联盟，重点支持一批项目，推进云计算产业发展。

3．深圳

深圳作为云计算服务创新发展试点示范城市，大力开展云计算创新发展试点示范工作，积极推进多层次、广覆盖、跨领域云计算应用服务，提供即插即用的低成本计算服务。其颁布的《深圳市信息化发展"十二五"规划》从技术和标准、服务平台、应用示范、专属云等几个方面做了进一步的规划。

（1）技术和标准。建立云计算技术创新与标准研发平台，重点发展云存储技术、云环境自适应管理技术、云资源管理与调度技术、云计算海量数据处理与挖掘技术、云服务技术、云安全技术等关键技术。发挥深圳云计算中心资源优势，吸引国内外主要云计算技术科研院所、企业和评测机构，成立产、学、研合作的"云计算实验室"。鼓励深圳云计算中心、华为、腾讯、金蝶等单位积极参与国际云计算标准制订，力争在服务能力与质量、开放接口、体系架构、评估认证等环节形成具有自主知识产权的标准。强化云计算信息安全，采用可靠的云安全技术和标准，保障石计算环境中的数据安全和客户信息安全，提升用户对云计算服务的信任度。

（2）服务平台。对现有数据中心等基础设施进行基于云计算模式的升级改造，形成处理能力强、存储容量大、安全可靠、布局合理、适应不同应用服务的云计算环境，逐步建设以应用为导向的私有云、公共云、社区云、混合云，构建"深圳云"。依托华为、深圳云计算中心等，进一步推动深圳云计算产业联盟相关工作。引进国家健康档案中心、国家高端医学影像中心等落户深圳。打造较为完整的云计算产业链，抢占产业链关键环节，重点支持一批高成长性的中小企业，构建客户、运营商、开发商端到端的商业模式，不断创新个性化的云计算解决方案，推动信息服务业跨越式发展。支持华为、腾讯、金蝶、阿里巴巴等企业开展商业云计算服务，针对各行各业的不同需求，搭建多种云计算基础平台，通过资源的动态配置提供用户所需的各类云计算服务。加快聚集一批云计算产业链各环节的核心企业，形成由龙头公司带动的云计算产业集群。

（3）应用示范。围绕 IaaS，PaaS 和 SaaS，转变用户独立建设信息系统的传统方式，通过云计算平台向用户动态配置所需的计算与存储能力，实现计算资源充分共享，降低各行业领域信息化成本，提高信息系统的运营效率。不断拓展应用服务领域，在教育、卫生、社保、公安、电子政务、水务、环境、金融服务、交通物流、文化创意、企业信息化等领域实施云计算示范应用项目。创新基于云计算的新型商业模式，重点面向中小企业，加速培育云计算用户，支持生物医药、新能源、集成电路设计等重点行业企业应用云计算服务。

（4）专属云。以云存储与数据智能处理为支撑，建立"我的专属云"，为深圳市民提供 TB 级容量的个人云空间。以人口数据库为基础，逐步整合分散在各部门的个人信息资源，集中存储涵盖市民个人医疗、教育、社保、税务、信用、人事、民政、住房等的全方位信息，实现市民终生动态信息的全过程覆盖，根据市民个人、政府部门、企事业单位等不同领域的需求，提供个性化的数据服务。

4．杭州

《杭州市"十二五"信息化发展规划》中指出，杭州将选择若干信息服务骨干企业为试点，加快建设云计算中心（平台），推进 SaaS，PaaS，IaaS 等服务模式创新发展，重点突破大规模分布式数据共享与管理、资源调度、虚拟资源管理及弹性计算、网络化软件运营支撑、大规模分布式系统运维及客户端云操作系统，构建起完整的云计算产业链。

同时，还要打造专业级云服务中心，加快满足不同需求的云计算基础设施和平台建设。加强信息化功能型服务基础设施建设，以应用需求为导向，整合社会各类信息基础设施资源，鼓励专业领域云中心的建设。推动传统电信运营商和其他第三方数据中心向云计算基础设施服务商转型，推出面向不同企业需求的一体化云计算基础设施和平台服务，提供一站式外包服务，形成按资源使用付费的新型服务模式，不断提高基础设施资源的使用效率；支持具备条件的区县政府和大型企业集团，建设节能、环保、低碳的新型云计算基础设施，逐步引导各种信息化应用项目依托云计算基础设施，形成杭州在云计算基础设施服务上的领先优势。

《杭州市"十二五"电子信息产业发展规划》提出，培育各类云计算服务，推进云计算平台建设，完善云计算服务体系，构建完整的云计算产业链；重点开发为金融财税、工业控制、商业、旅游、交通、公安、医疗卫生、教育、外贸、城市管理等各行业信息化提供服务的软件产品和信息技术解决方案。

鼓励发展以大企业为代表的电子商务平台和云计算平台的建设，全面推进电子商务之都建设；形成物联网、云计算、移动互联网的创新和研发产业体系，形成"两化融合"示范区的研发核心区域。

以国家云计算服务创新发展试点示范为契机，依托云计算龙头企业，围绕商务云、媒体服务云、金融服务云、公共服务云、电子政务云、园区服务云等领域构建杭州市云计算产业链，切实做强做大云计算行业应用服务示范、云计算服务平台建设、云计算基础设施建设重点领域。

浙江以互联网增值服务、电子商务、动漫游戏等为代表的新兴信息服务业快速发展，特别是杭州市形成了良好的产业基础。杭州是江南地区技术密集型和资本密集型的高端信息产业聚集区，拥有庞大的计算和存储资源，并已对基础设施资源启动了基于计算模式的设计改造。全国第一家利用云计算技术服务于电子商务领域的公共服务平台——西湖云计算公共服务平台——已经在杭州正式上线，来自北京、上海、杭州的5家企业成为该平台的首批客户；企业只需安装好宽带，采购一批显示器和云计算终端，就能轻松享受包括存储、计算、信息处理等在内的云服务，使用平台后，企业能节省非常可观的成本。目前，该平台已与用友软件、国际商用机器（IBM）、德国爱普兰BI（商业智能）、华数网通信息港等平台软件提供商建立了战略合作关系。

杭州云计算产业园位于钱塘科技经济园区，现有一期2万余平方米的成熟办公楼宇，并规划分3期通过4年建设，形成一个楼宇总规模30万平方米、可容纳200家左右的云计算产业相关企业入驻办公的专业园区。园区内将建立一个先进的、能够辐射全市乃至全省的云计算IDC，致力于打造"政务云"和"商业云"两片云，为杭州的电子信息企业提供高水平的云计算产业研究、技术开发、业务咨询、人才培训等服务。杭州是中国电子商务之都，许多知名企业如网易、腾讯、盛大等已经开始在杭州"商业云"的基础上提供云计算应用。杭州本土的"云企业"，如阿里巴巴、银江股份等在云计算服务上也已达到比较成熟的水平。目前，杭州将在现有云计算服务的基础上，重点致力于服务社会信息化，尤其是加快打造"中小企业云"。

5．无锡

无锡主要从4个方面来扶持云计算产业的发展。一是从产业政策层面，在规划完成后，相应出台产业扶持政策，主要包括自主培育和外部招商，引导企业进入云领域，吸引优质的云企业进入软件园；二是在云计算建设尤其是云数据中心这类投资较大的项目上，园区会倾向由政府主导建设，同国内云领域具有核心技术和实力的企业合作共建，同时在中小企业使用云服务时给予适度费用减免；三是在政府的一些公共云应用建设项目上，优先扶持本土的云计算企业；四是在产业链条方面，云计算产业和物联网产业两大新兴产业成为推动无锡软件业结构调整的两大"推手"。无锡强调云计算和物联网的共同发展，打造未来从"云端"到"物端"的一体化服务体系。按照无锡已出台的物联网产业云计算规划，无锡力争在 3～5 年内成为华东地区云计算领域的核心集聚区。

无锡的云计算开展得比较早，2008 年滨湖区在 IBM 支持下建立了全球首个商用云计算中心，随后又联合 IBM 构建了一个能为园区内企业提供技术支撑的云计算软件服务平台——"盘古天地"软件服务创新孵化平台，并于 2009 年年底被工业和信息化部正式列为国家级平台。2009 年温家宝总理考察无锡软件园，确立无锡"感知中国"中心地位后，无锡根据物联网的产业规划重新做出了调整。无锡软件园前阶段已出台《无锡国家软件园云计算规划方案》，主要定位云计算中心、云计算公共服务平台（云应用孵化器）和物联网信息云服务平台，在应用产业链上，提供前端孵化、中间应用服务和后端的云数据中心。

在无锡，已形成了一批云计算及与云计算相关的龙头企业。太湖云计算中心是首个商用云计算中心；无锡新区专门构建了为园区企业提供技术支撑的云计算软件服务平台——"盘古天地"软件服务创新孵化平台；针对广电的新媒体内容，天脉聚源在无锡建立了视频中国无锡天脉云计算产业基地，这是世界上最大的电视采集收录基地。

行业应用已落地并逐步推进。依托太湖云计算中心建立的政府私有云平台，2009 年 8 月正式启用，至今已有民政局、人保局等 10 多家用户。从实际运行情况来看，统一租用云计算平台，大大减少了服务器数量，运维费用节省了 20%～40%，与此同时，50% 的能耗降低幅度，又赋予其低碳、绿色的标签。

无锡积极推动云计算产业基础设施的建设，如无锡城市云计算中心大厦是"中国物联网云计算中心"二期工程，建成后将成为云计算的服务、研发、工程技术中心，其部署的高性能计算机系统峰值将达到 500 万亿次每秒；目前，由曙光公司、中科院计算所牵头的城市级区域性云计算中心项目已初步启动，基于自主知识产权的核心技术，建设无锡的城市级云计算中心，使其成为无锡的核心 IT 基础设施，面向无锡的各种用户、各类应用开展云计算服务。而其他诸如一站式 B2C 高端电子商务云计算、基于云计算的 ICT 软件服务平台及应用等重点项目，也将进入快速发展的里程。

除了上述 5 个试点城市，全国各地都在积极地发展云计算，很多城市也将云计算产业的发展写进了"十二五"规划。例如，成都 2011 年就出台了《成都市云计算应用与产业发展纲要》，以加快云计算基础设施建设，推动云计算广泛应用，促进云计算产业发展；重庆 2010 年启动"云端计划"，《重庆市十二五规划纲要》中又指出要大力发展以基础设施、平台环境、应用软件等服务为核心内容的云计算；广州出台了有"天云计划"之称的《广州市云计算产业 2011—2015 发展行动计划》，提出广州要"三年打基础、五年见成效"，到 2015 年，建成 5 个以上国际水平的云计算服务平台，云计算产业规模将突破 150 亿元，并带动 600 亿元相关产业链产值。

作为云计算发展重要组成的数据中心发展迅速。IDC 关于中国数据中心市场最新公布的数据表示，2010 年中国数据中心总数量已经达到 504 155 个，市场总规模达到 92 亿美元。IDC 还预测该市场在 2010—2015 年仍将保持两位数的增长率，到 2015 年将达到约 157 亿美元。

由于网络用户目前主要集中在北京、上海、广东等地，故最初发展的一批大型数据中心主要集中在北京、上海、广州、深圳。而由于云计算的推进，二线城市如青岛、西安、成都、鄂尔多斯等也都开始了新一轮的数据中心建设。

1.5 云计算与物联网的关系

在很多时候，"云计算"与"物联网"这两个名词是同时出现的，大家在直觉上认为这两个技术是有关系的，但总是没有很清楚的认识。有的地方一提到物联网就想到传感器的制造和物联信息系统。其实云计算和物联网两者之间本没有什么特殊的关系，物联网只是今后云计算平台的一个普通应用，物联网和云计算之间是应用与平台的关系。物联网的发展依赖于云计算系统的完善，从而为海量物联信息的处理和整合提供可能的平台条件，云计算的集中数据处理和管理能力将有效地解决海量物联信息的存储和处理问题。没有云计算平台支持的物联网，其实价值并不大，因为小范围传感器信息的处理和数据整合是很早就有的技术，如工控领域的大量系统都是这样的模式，没有被广泛整合的传感器系统是不能被准确地称为物联网的。所以云计算技术对物联网技术的发展有着决定性的作用，没有统一数据管理的物联网系统将丧失其真正的优势。物物相连的范围是十分广阔的，可能是高速运动的列车、汽车甚至是飞机，也可能是家中静止的电视机、空调、茶杯，但任何小范围的物物相连都不能被称为真正的物联网。

对于云计算平台来说，物联网并不是特殊的应用，只是其所支持的所有应用中的一种而已。云计算平台对待物联网系统与对待其他应用是完全一样的，并没有任何区别，因为云计算并不关心应用是什么。

但是，随着全球物联网的发展，云计算被赋予了更广的定义：从连接计算资源到连接所有的人和机器，计算能力将进一步增强，走向更高层次的规模化和智能化。

1.6 云计算前景

云计算市场发展迅速，然而其应用并没有达到成熟期，尤其是国内云计算仍处于发展初期，云计算仍然有广阔的发展前景。

1.6.1 云计算的市场前景

综观 2013 年云计算整体市场发展状况，云计算领域的投资呈现高速增长势头。从一些权威机构的研究结果也可以看出云计算的市场前景。

1．市场调研机构 Gartner 的预测

市场调研机构 Gartner 发布的数据显示，2009 年全球云计算市场的销售额达到 563 亿美元，较前一年增长 21%。云计算市场将以 28% 的复合年增长率迅速扩张，销售额将从 2008 年的 470 亿美元增长到 2012 年的 1 260 亿美元。到 2020 年，云计算市场的销售总额将达到 5 500 亿美元。

在经济危机和企业需求的双重影响下，基于云架构的 SaaS 模式增长迅速。这是由于在目前的经济环境下，资本预算的紧缩呼唤瘦身的替代技术，SaaS 的知名度不断提高，企业对服务和云计算平台的兴趣不断增长。

据 Gartner 研究报告，SaaS 市场收入在 2009 年达到了 96 亿美元，比 2008 年的 66 亿美元增长了 45%。该市场将会持续增长到 2013 年，而 2015 年全球 SaaS 市场收入预测将会达到 213 亿美元。

按照其最乐观估计，IDC 推算未来 3 年全球云计算领域将有 8 000 亿美元的新业务收入。显然，全球各 IT 巨头竞相进入云计算领域背后的原因是未来天文数字般的市场规模，以及由此带来的无比光明的发展前景。自 2010 年开始，各大 IT 企业已经展开了一场硝烟滚滚的争夺战，以实现自己在"云计算"市场中未来的霸主地位。

IDC 预计，随着政府部门和电信运营商在未来几年对云计算的投入不断增加，中国云计算服务市场将以接近 40% 的复合年增长率快速增长，到 2014 年规模将超过 10 亿美元。

2．赛迪顾问公司的预测

根据赛迪顾问公司的研究报告，云计算应用将以政府、电信、教育、医疗、金融、石油石化和电力等行业为重点，在中国市场逐步被越来越多的企业和机构采用，市场规模也将从 2010 年的 167.31 亿元增长到 2013 年的 1 174.12 亿元，年均复合增长率达 91.5%。

1.6.2 云计算的应用前景

从各家的预测可以看出云计算未来有非常大的发展空间，对云计算应用前景分析如下：

（1）未来几年，私有云的建设继续发展并有较快的增长。值得注意的是，私有云的建设不再仅仅是现在的对数据中心实施虚拟化，将更关注私有 PaaS 的建设。

（2）大数据助力云计算发展。大数据是最好的云计算应用场景，随着 X86 计算设备、存储设备成本下降和以 Hadoop 为代表的分布式计算存储技术发展，大数据的应用逐步扩大，随之带动云计算发展。

（3）智慧城市带动云计算发展。智慧城市推动云计算落地，云计算给城市插上"智慧"的翅膀。云计算满足了智慧城市的建设中对于海量数据高效、快速存储的需求，云计算的并行处理能力能够对海量数据进行快速的智能挖掘和处理。由于城市的不断发展，对于应用的需求也在不断地变化着，云计算可以针对不同的应用，构造出千变万化的应用，无须担心出现在城市发展中各种应用需要进行升级变化而无法适用的情况，完美实现了智慧城市的智能应用。

（4）行业云平台将快速发展。从社会的角度看，未来的行业云将是一种引导性的社会服务，它会极大地推动生产力的发展和社会的进步。相比公众云，行业云能提供更加丰富的信息服务，如针对商业组织的市场情报与服务，针对农林牧生产的地理、气象信息和服务等。①政务云。为推动政务服务创新、加强信息资源整合、促进政务资源共享、降低信息化建设成本，各地方政府积极开展政务云应用项目建设，以政府应用带动云计算产业发展，北京、上海、成都、深圳、杭州、青岛、无锡等城市纷纷启动政务云项目建设，政务云应用项目建设正以星火燎原之势席卷全国。②卫生云。卫生云的建设将有效降低卫生信息资源的管理、使用成本，实现业务数据、信息资源的共建共享、互连互通，推动城乡一体化医疗服务体系建设，缓解看病难、看病贵的现状。各地纷纷开始建设卫生云，如山东将建设首个省级卫生云计算平台，重庆预计"十二五"末初步建成卫生云。③交通云。智慧城市建设在全面展开，而不少城市都选择先从智能交通云开始，如天津打造智能交通云中心，东莞也开始了交通云的研发。④电子商务云。电子商务不断发展，加之 A 计算的种种优势，电子商务云也将快速发展，如杭州就把电子商务云作为云计算发展的重点之一。

（5）IaaS 开始增长。目前 IaaS 服务模式相对单一，成本优势不明显，服务质量还有待提高，应用还不广泛。但可以肯定的是，用户将越来越接受这种方式，加之它易扩展、按需付费等优势，未来的中小企业将会放弃现在的小量服务器托管租用而转向

云计算关键技术

这一市场。

（6）PaaS 将快速发展。公有 PaaS 将赢得中小企业市场；私有 PaaS 将夺得大企业市场；开源 PaaS 平台将蓬勃发展，开源 PaaS 平台将通过 Linux 发行版扩展；PaaS 正与各大管理工具实现融合。

（7）SaaS 继续保持高增长。SaaS 在运营模式、价格和服务方式等方面具有优势。SaaS 提供的是租赁服务，使企业投入的成本大大降低。SaaS 最先应用于 CRM，随着技术的发展，越来越多的 SaaS 应用进入市场并且得到了很好的反馈。加之用户观念的转变，使得这种模式的市场接受程度越来越高。

1.7 云计算的发展面临的挑战

网络已深刻地改变了我们的工作、学习和生活，随着云计算的普及，网络的角色将发生巨大的转变，效能将提升到前所未有的高度。从云计算的发展现状来看，未来云计算的发展会向构建大规模的、能够与应用程序密切结合的底层基础设施的方向发展。尽管云计算会给企业和个人带来极大的好处，但它未来发展所面临的挑战也是不容忽视的。

1．高可靠的网络系统技术

支撑云计算的是大规模的服务器集群系统，在系统规模增大后，可靠性和稳定性就成了最大的挑战之一。大量服务器进行同一个计算时，单节点故障不应该影响计算的正常运行，同时为了保证云计算的服务高质量地传给需要的用户，网络中必须具备高性能的通信设施。

2．数据安全技术

数据的安全包括两个方面：一是保证数据不会丢失；二是保证数据不会被泄露和非法访问。对用户而言，数据安全性依旧是最重要的顾虑，将原先保存在本地、为自己所掌控的数据交给看不到、摸不着的云计算服务中心，这样一个改变并不容易。从技术角度说，云计算的安全跟其他信息系统的安全实际上没有大的差别，更多的是法规、诚信、习惯、观念等非技术因素。

3．可发展的并行计算技术

并行计算技术是云计算的核心技术，多核处理器的出现使得并行程序的开发比以往更难。可扩展性要求能随着用户请求、系统规模的增大而有效地扩展。目前大部分

— 24 —

并行应用在超过 1 000 个处理器时都难以获得有效的加速性能,未来的许多并行应用必须能有效扩展到成千上万个处理器上。

4.海量数据的挖掘技术

如何从海量数据中获取有用的信息,将是决定云计算应用成败的关键。除了利用并行计算技术加速数据处理的速度外,还需要新的思路、方法和算法。海量数据的存储和管理也是一个巨大的挑战。

5.网络协议与标准问题

当一个云系统需要访问另一个云系统的计算资源时,必须要对云计算的接口制定交互协议,这样才能使得不同的云计算服务提供者相互合作,以便提供更好、更强大的服务。云计算要想更好地发展,就必须制定出一个统一的云计算公共标准,这可以为某个公司的云计算应用程序迁移到另一家公司的云计算平台上提供可能。

6.推广问题

当进入云计算时代时,硬件厂商和操作系统企业将如何生存?云计算自身的系统稳定性如何?这些问题都会让人们心生疑虑,从而推迟对云的接受速度。

第 2 章

走进云计算

2.1 云计算的分类

1．按服务类型分类

按服务类型（为用户提供什么样的服务，通过这样的服务，用户可以获得什么样的资源）的不同，云计算可分为基础设施云（Infrastructure Cloud）、平台云（Platform Cloud）和应用云（Application Cloud）三种。

（1）基础设施云：为用户提供的是底层的、接近于直接操作硬件资源的服务接口，通过调用这些接口，用户可以直接获得计算和存储能力，而且非常自由、灵活，几乎不受逻辑上的限制。但是，用户需要进行大量的工作来设计和实现自己的应用，因为基础设施云除了为用户提供计算和存储等基础功能外，不进一步做任何应用类型的假设。

（2）平台云：为用户提供一个托管平台，用户可以将他们所开发和运营的应用托管到云平台中。但是，这个应用的开发部署必须遵守该平台特定的规则和限制，如语言、编程框架、数据存储模型等。

（3）应用云：为用户提供可以为其直接所用的应用，这些应用一般是基于浏览器的，针对某一项特定的功能。但是，它们也是灵活性最低的，因为一种应用云只针对一种特定的功能，无法提供其他功能的应用。

2．按部署范围分类

按部署范围的不同，云计算可以分为公有云（Public Cloud）、私有云（Private Cloud）和混合云（Hybrid Cloud）三种。

（1）公有云：通过互联网为客户提供服务的云，即所有的基础设施均由云服务提供商负责，用户只需能够接入网络的终端即可。对使用者而言，其所应用的程序、服务及相关数据都存放在公有云的提供者处，自己只需要通过配置公有云中的虚拟化私有资源，即可获得相应的服务，无须做相应的投资和建设。

在公有云模式下，应用和数据不存储在用户自己的数据中心，导致其安全性和可用性存在一定隐患。

（2）私有云：指企业使用自有基础设施构建的云，它提供的服务仅供自己内部人员或分支机构使用。私有云的部署比较适合于有众多分支机构的大型企业或政府部门。大型企业数据中心的集中化趋势日益明显，私有云将会成为企业部署 IT 系统的主流模式。

私有云部署在企业自身内部，其数据安全性、系统可用性都可由企业自己控制，

但其缺点是建设投资规模较大，成本较高，同时需要有相应的维护人员。

（3）混合云：指部分使用公有云，部分使用私有云所构成的云，它所提供的服务可以供别人使用。混合云可以结合公有云和私有云的优势，但其部署方式对服务提供者的技术要求较高。

2.2 云计算的实质

从字面上看，云计算与并行计算、分布式计算、网格计算有些类似，确实，云计算中融合了这些计算方法的技术。但是，实质上云计算并不是一种计算方法，与并行计算、分布式计算、网格计算描述的不是同一范畴的问题。并行计算、分布式计算和网格计算都属于计算科学，而云计算是一种计算模式和商业模式，不是一项纯计算技术。

与并行计算、分布式计算和网格计算相比，云计算则更多的是一种 IT 资源的供应、购买 / 租借、使用的商业模式。在云计算中，用户和云供应商有着明显的界线，用户无须贡献自己的资源来参与云计算。云供应商对云的实现也不是广域全分布式结构的，多数是以数据中心内服务器集群的方式构建，因而效率更高、更稳定、更可靠。云计算的目标是使计算与存储等 IT 资源能够像传统公共设施（如水和电）一样被提供、使用和收费，使企业和个人不需要一次性地投入巨资就可以拥有 IT 资源，最大限度地降低资源的管理成本，并提高资源使用的灵活性。

云计算利用高速互联网的传输能力，将数据的处理过程从个人计算机或服务器移到互联网上的计算机集群中。这些计算机都是普通的工业标准服务器，由一个大型的数据处理中心管理。数据中心按客户的需要即时进行资源的聚合、重组和分配，达到与超级计算机同样的效果。

2.3 云计算的区分

2.3.1 云计算与网格计算的区别

Ian Foster 将网格定义为：支持在动态变化的分布式虚拟组织（Virtual Organizations）间共享资源，协同解决问题的系统。所谓虚拟组织，就是一些个人、组织或资源的动态组合。

云计算是一种生产者 - 消费者模型，云计算系统采用以太网等快速网络将若干集群连接在一起，用户通过因特网获取云计算系统提供的各种数据处理服务。网格系统是一种资源共享模型，资源提供者亦可以成为资源消费者。网格侧重研究的是如何将分散的资源组合成动态虚拟组织。

云计算和网格计算的一个重要区别在于资源调度模式。云计算采用集群来存储和管理数据资源，运行的任务以数据为中心，即调度计算任务到数据存储节点运行。而网格计算则以计算为中心，计算资源和存储资源分布在因特网的各个角落，不强调任务所需的计算和存储资源同处一地。由于网络带宽的限制，网格计算中的数据传输时间占总运行时间的很大一部分。网格将数据和计算资源虚拟化，而云计算则进一步将硬件资源虚拟化，并灵活运用虚拟机技术，对失败任务重新执行，而不必重启任务。同时，网格内各节点采用统一的操作系统，而云计算放宽了条件，在各种操作系统的虚拟机上提供各种服务。和网格的复杂管理方式不同，云计算提供一种简单、易用的管理环境。另外，网格和云在付费方式上有着显著的不同。网格按照固定的资费标准收费或者若干组织之间共享空闲资源，而云则采用计时付费以及服务等级协议的模式收费。

2.3.2 云计算系统与传统超级计算机的区别

超级计算机拥有强大的处理能力，特别是计算能力。美国时间 2012 年 11 月 10 16 日，著名的全球超级计算大会（Supercomputing Conference，SC）在美国盐湖城举行。该会议迄今有 24 年历史，聚集了来自世界各地的科研机构、大学、厂商等，同时也是全球各顶尖 IT 厂商展示新产品、新技术的竞技场。在本次大会上，发布了最新的 Top500 榜单，来自美国能源部橡树岭国家实验室的"泰坦 Titan"获得了第一名的殊荣。

2.4 云计算的服务类型

云计算从一开始就以实现 EaaS 为首要任务。从体系结构上看，云计算的底层由硬件组成，在此基础上分别是 IaaS，PaaS 和 SaaS，如图 2-4-1 所示。这三层不仅包含了实现按需提供所需的资源，也同时定义了新的应用开发模型。由于云计算起步不久，每一层内都还有很多尚未解决的问题，下面是各层的简单介绍。

1．基础设施即服务（IaaS）

IaaS 指的是以服务形式提供服务器、存储和网络硬件。这类基础架构一般是利用网格计算架构建立虚拟化的环境，网络光纤、服务器、存储设备、虚拟化、集群和动

态配置软件被涵盖在 IaaS 之中。在 IaaS 环境中，用户相当于在使用裸机和磁盘，虽然可以在其上运行 Windows 或 Linux，做许多事情，但用户必须自己考虑如何让多台机器协同工作。IaaS 的最大优势在于允许用户动态申请或释放节点，按使用量计费。运行 IaaS 的服务器规模通常多达几十万台，用户几乎可以认为能够申请的资源是无限的。由于 IaaS 是供公众共享的，因而资源使用率会较高。

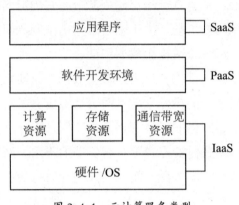

图 2-4-1　云计算服务类型

2．平台即服务（PaaS）

PaaS 是在 IaaS 之上的一层，这种形式的云计算把软件开发环境作为一种服务来提供，指的是以服务形式将应用程序开发及部署平台提供给第三方开发人员。这种平台一般包含数据库、中间件及开发工具，均以服务形式通过互联网提供。

3．软件即服务（SaaS）

SaaS 指的是通过浏览器将应用程序以服务形式提供给用户，应用程序可以是公有云提供商提供的商用 SaaS 应用，或私有云提供商提供的商用或定制的 SaaS 应用。这种类型的云计算通过浏览器把程序提供给成千上万的用户使用。

2.5　云计算的体系架构

云计算可以按需提供弹性资源，它的表现形式是一系列服务的集合。结合当前云计算的应用与研究，其体系架构可分为核心服务层、服务管理层和用户访问接口层，如图 2-5-1 所示。核心服务层将硬件基础设施、软件开发环境、应用程序抽象成服务，这些服务具有可靠性强、可用性高、规模可伸缩等特点，以满足多样化的应用需求。服务管理层为核心服务层提供支持，进一步确保核心服务层的可靠性、可用性与安全性。用户访问接口层实现端到云的访问。

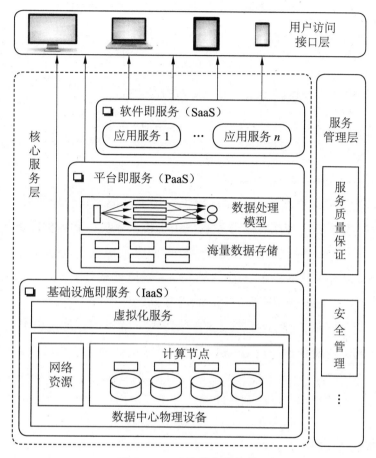

图 2-5-1　云计算体系架构

2.5.1　核心服务层

　　云计算核心服务层通常可以分为基础设施即服务（IaaS）、平台即服务（PaaS）和软件即服务（SaaS）三个层次。表 2-5-1 对三个子层服务的特点进行了比较。

　　IaaS 提供硬件基础设施部署服务，为用户按需提供实体或虚拟的计算、存储和网络等资源。在使用 IaaS 层服务的过程中，用户需要向 IaaS 层服务提供商提供基础设施的配置信息、运行于基础设施的程序代码以及相关的用户数据。由于数据中心是 IaaS 层的基础，因此数据中心的管理和优化问题近年来成为研究热点。另外，为了优化硬件资源的分配，IaaS 层引入了虚拟化技术。借助于 Xen，KVM，VMware 等虚拟化工具，可以提供可靠性高、可定制性强、规模可扩展的 IaaS 层服务。

表 2-5-1　IaaS，PaaS 和 SaaS 的比较

	服务内容	服务对象	使用方式	关键技术	系统实例
IaaS	提供硬件基础设施部署服务	需要硬件资源的用户	使用者上传数据、程序代码、环境配置	数据中心管理技术、虚拟化技术等	Amazon EC2，Eucalyptus 等
PaaS	提供应用程序部署与管理服务	程序开发者	使用者上传数据、程序代码	海量数据处理技术、资源管理与调度技术等	Google App Engine，Microsoft Azure，Hadoop 等
SaaS	提供基于互联网的应用程序服务	企业和需要软件应用的用户	使用者上传数据	Web 服务技术、互联网应用开发技术等	Google Apps，Salesforce CRM 等

　　PaaS 是云计算应用程序运行环境，提供应用程序部署与管理服务。通过 PaaS 层的软件工具和开发语言，应用程序开发者只需上传程序代码和数据即可使用服务，而不必关注底层的网络、存储、操作系统的管理问题。由于目前互联网应用平台（如 Facebook，Google 等）的数据量日趋庞大，PaaS 层应当充分考虑对海量数据的存储与处理能力，并利用有效的资源管理与调度策略提高处理效率。

　　SaaS 是基于云计算基础平台所开发的应用程序。企业可以通过租用 SaaS 层服务解决企业信息化问题，如企业通过 Gmail 建立属于该企业的电子邮件服务。该服务托管于 Google 的数据中心，企业不必考虑服务器的管理、维护问题。对于普通用户来讲，SaaS 层服务将桌面应用程序迁移到互联网，可实现应用程序的泛在访问。

2.5.2 服务管理层

　　服务管理层对核心服务层的可用性、可靠性和安全性提供保障。服务管理层包括服务质量（Quality of Service，QoS）保证和安全管理等。

　　云计算需要提供高可靠、高可用、低成本的个性化服务。然而云计算平台规模庞大且结构复杂，很难完全满足用户的 QoS 需求。为此，云计算服务提供商需要和用户进行协商，并制定服务水平协议（Service Level Agreement，SLA），使得双方对服务质量的需求达成一致。当服务提供商提供的服务未能达到 SLA 的要求时，用户将得到补偿。

　　此外，数据的安全性一直是用户较为关心的问题。云计算数据中心采用的资源集中式管理方式使得云计算平台存在单点失效问题。保存在数据中心的关键数据会因为突发事件（如地震、断电）、病毒入侵、黑客攻击而丢失或泄露。根据云计算服务特点，研究云计算环境下的安全与隐私保护技术（如数据隔离、隐私保护、访问控制等）是

保证云计算得以广泛应用的关键。

除了 QoS 保证、安全管理外，服务管理层还包括计费管理、资源监控等管理措施，这些管理措施对云计算的稳定运行同样起着重要作用。

2.5.3 用户访问接口层

用户访问接口层实现了云计算服务的泛在访问，通常包括命令行、Web 服务、Web 门户等形式。命令行和 Web 服务的访问模式既可为终端设备提供应用程序开发接口，又便于多种服务的组合。Web 门户是访问接口的另一种模式。通过 Web 门户，云计算将用户的桌面应用迁移到互联网，从而使用户随时随地通过浏览器就可以访问数据和程序，提高了工作效率。虽然用户通过访问接口使用便利的云计算服务，但是不同云计算服务商提供接口标准不同，导致用户数据不能在不同服务商之间迁移。为此，在 Intel，Sim 和 Cisco 等公司的倡导下，云计算互操作论坛（Cloud Computing Interoperability Forum，CCIF）宣告成立，并致力于开发统一的云计算接口（Unified Cloud Interface，UCI），以实现"全球环境下，不同企业之间可利用云计算服务无缝协同工作"的目标。

2.6 云计算的云存储技术

云存储是在云计算概念上延伸和发展出来的一个新的概念。云计算使更大数据量的处理成为可能，被称为下一代的因特网计算和下一代的数据中心。云计算是分布式计算、并行计算和网格计算的发展，是通过网络将庞大的计算处理程序自动拆分成无数个较小的子程序，再交由多部服务器所组成的庞大系统计算分析，最后将处理结果回传给用户。通过云计算技术，网络服务提供者可以在数秒内处理数以千万计甚至亿计的信息，达到和"超级计算机"同样强大的网络服务。

云存储是指通过集群应用、网格技术或分布式文件系统等功能，将网络中大量各种类型的存储设备通过应用软件集合起来协同工作，共同对外提供数据存储和业务访问功能的一个系统。

2.6.1 云存储系统的结构模型

与传统的存储设备相比，云存储不仅仅是一个硬件，而是一个由网络设备、存储设备、服务器、应用软件、公用访问接口、接入网和客户端程序等多个部分组成的复杂系统，各部分以存储设备为核心，通过应用软件来对外提供数据存储和业务访问服

务。云存储系统的结构模型如图2-6-1所示。

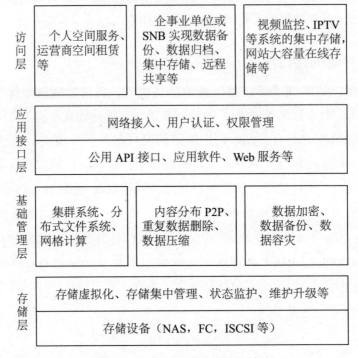

图 2-6-1　云存储系统的结构模型

云存储系统的结构模型由以下四层组成：

（1）存储层：云存储最基础的部分。存储设备可以是 FC 光纤通道存储设备，可以是 NAS 和 ISCSI 等 IP 存储设备，也可以是 ISCSI 或 SAS 等 DAS 存储设备。云存储中的存储设备往往数量庞大且分布于不同地域，彼此之间通过广域网、互联网或者 FC 光纤通道网络连接在一起。存储设备之上是一个统一存储设备管理系统，可以实现存储设备的逻辑虚拟化管理、多链路冗余管理，以及硬件设备的状态监控和故障维护。

（2）基础管理层：云存储最核心的部分，也是云存储中最难以实现的部分。基础管理层通过集群系统、分布式文件系统和网格计算等技术，实现云存储中多个存储设备之间的协同工作，使多个存储设备可以对外提供同一种服务，并提供更大、更强、更好的数据访问性能。内容分发网络（CDN）、数据加密技术保证云存储中的数据不会被未授权的用户所访问，同时通过各种数据备份、容灾技术和措施可以保证云存储中的数据不会丢失，保证云存储自身的安全和稳定。

（3）应用接口层：云存储最灵活多变的部分。不同的云存储运营单位可以根据实际业务类型开发不同的应用服务接口，提供不同的应用服务，如视频监控应用平台、

IPTV 和视频点播应用平台、网络硬盘引用平台和远程数据备份应用平台等。

（4）访问层：任何一个授权用户都可以通过标准的公用应用接口来登录云存储系统，享受云存储服务。云存储运营单位不同，云存储提供的访问类型和访问手段也不同。

2.6.2 云数据存储技术

云计算采用分布式存储的方式来存储数据，采用冗余存储的方式来保证存储数据的可靠性，即为同一份数据存储多个副本。另外，云计算系统需要同时满足大量用户的需求，并行地为大量用户提供服务。因此，云计算的数据存储技术必须具有高吞吐率和高传输率的特点。

云计算的数据存储技术主要有谷歌非开源的 GFS（Google File System）和 Hadoop 开发团队开发的开源的 GFS HDFS（Hadoop Distributed FileSystem）。大部分 IT 厂商，包括 Yahoo，Intel 的"云"计划采用的都是 HDFS 的数据存储技术。未来的发展将集中在超大规模的数据存储、数据加密和安全性保证以及继续提高 I/O 速率等方面。

1．GFS

GFS 是一个可扩展的分布式文件系统，用于大型的、分布式的、对大量数据进行访问的应用。GFS 运行于廉价的普通硬件上，但可以提供容错功能，可以给大量用户提供总体性能较高的服务。

GFS 的系统架构如图 2-6-2 所示。一个 GFS 集群包含一个主服务器（master）和多个块服务器（chunkserver），被多个客户端（client）访问。

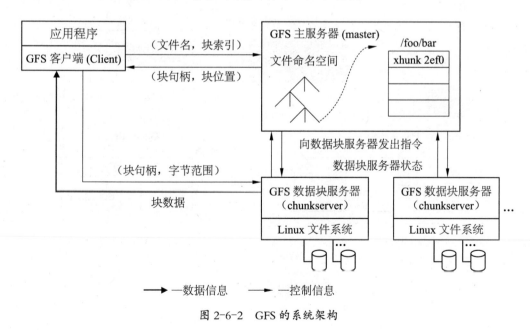

图 2-6-2　GFS 的系统架构

master 和 chunkserver 通常是运行用户层服务进程的 Linux 机器。只要资源和可靠性允许，chunkserver 和 client 就可以运行在同一个机器上。

文件被分割成固定尺寸的块。每个块由一个不变的、全局唯一的 64 位的块句柄（chunk handle）标识。块句柄是在块创建时由主服务器分配的。块服务器把块作为 Linux 文件保存在本地磁盘上，并根据指定的块句柄和字节范围来读写块数据。为了保证可靠性，每个块都会复制到多个块服务器上，默认情况下，保存 3 个副本。

主服务器维护文件系统所有的元数据（metadata），包括名字空间、访问控制信息、从文件到块的映射信息，以及块当前所在的位置。它也控制系统范围的活动，如块租约（Lease）管理，孤儿块的垃圾收集，块服务器间的块迁移。主服务器定期通过 HeartBeat 消息与每个块服务器通信，给块服务器传递指令并收集它的状态。

GFS 客户端代码被嵌入到每个程序里，它实现了 Google 文件系统 API，帮助应用程序与主服务器和块服务器通信，对数据进行读 / 写。客户端与主服务器交互进行元数据操作，但是所有数据操作的通信都是直接和块服务器进行的。客户端和块服务器都不缓存文件数据，从而简化了应用程序和整个系统（因为不必考虑缓存的一致性问题），但客户端缓存元数据。块服务器不必缓存文件数据，因为块是作为本地文件存储的。

2. HDFS

Hadoop 中的分布式文件系统 HDFS 由 1 个管理节点（Namenode）和 4 个数据节点（Datanode）组成。如图 2-6-3 所示，Namenode 是整个 HDFS 的核心，管理文件系统的 Namespace 和客户端对文件的访问。

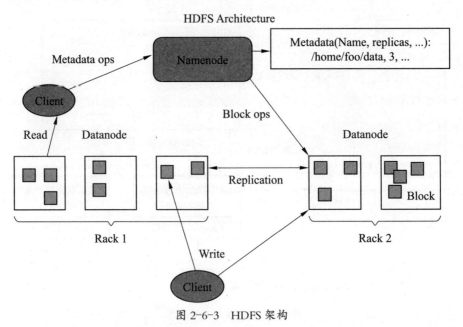

图 2-6-3　HDFS 架构

每个 Datanode 均是一台普通的计算机，在使用上与单机上的文件系统非常类似，一样可以建目录，创建、复制、删除文件，查看文件内容等。但 Namenode 底层实现上是把文件切割成 Block，然后这些 Block 分散地存储于不同的 Datanode 上，每个 Block 还可以复制数份存储于不同的 Datanode 上，达到容错、容灾的目的。

2.7 有关云计算的问题

2.7.1 云计算中心的计算机性能问题

云计算中心以集群计算为主，其中大量的节点通过互操作形成面向用户的虚拟服务器。但是，目前很多机构已经购置高性能计算机，搭建起高性能计算中心。那么，高性能计算机能否应用于云计算中心？云计算中心是不是高性能计算中心？高性能计算机和云计算中心的虚拟服务器之间是什么关系？

从目前流行的规模化、集约化、专业化的云计算中心（如 Google，Amazon 与 Salesforce 等）来看，并没有使用全球 Top10 的高性能计算机构成服务器集群。据分析，Google 计算中心的服务器集群可能是由至少分布在 25 个地方、超过 4 万台的普通计算机组成的，而 Amazon 和 Salesforce 的计算中心则可能分别运行着由约 10 万台和千余台普通计算机组成的集群系统。正因为云计算服务于大众用户相对独立的需求，服务器集群用于响应不同用户请求的任务的依赖性、交叉性也大为降低，这种松耦合的任务甚至使得云计算中心可以"使用尼龙拉链将计算机固定在高高的金属架上，一旦出现故障便于更换"。但是，通过集群之间的协作，对于涉及"微处理器工作几十亿次"和阅读"几百兆字节数据"的一个搜索任务而言，通常仍然可以在零点几秒内完成。

高性能计算机的服务对象是各个科学计算领域，应用领域集中在能源、制造、天气预报、核爆、流体力学和天文计算等。2010 年高性能计算机 Top500 排名第一的 XT5（Jaguar）高性能计算机部署在，在 Linpack 测试中的运算速度为 1.75G 次每秒，采用了近 25 万个计算核心，理论峰值的计算速度可达 2.3G 次每秒。高性能计算机重要的追求目标是提高计算处理的速度，在 Linpack 测试中取得更高的性能参数。

云计算中心的服务往往需要面向大众用户的多样化应用，包括大规模搜索、网络存储和网络商务等，其应该更多地具备为数以千万计的不同种类应用提供高质量服务环境的能力，并且能有效地适应用户需求和业务创新。与超级计算中心相比，云计算完成了从传统的、面向任务的单一计算模式向现代的、面向服务的规模化、专业化计算模式的转变。可见，部署于高性能计算中心的计算机适合解决要求高并发计算的科

学问题，但未必适合云计算模式。

2.7.2 云计算安全问题

资源共享的云计算，促使人们尤其关心云安全。首先云计算不是为了解决安全问题的新式武器。作为一种基于互联网的计算模式，云计算在提供服务的同时也将不可避免地出现诸如安全漏洞、病毒侵害、恶意攻击及信息泄露等既有信息系统中普遍存在的共性安全问题。因此，传统的信息安全技术将会继续应用在云计算中心本身的安全管理上，而云计算本身的信息安全技术手段也在不断发展中。

但是，云计算中虚拟服务的规模化、集约化和专业化改变了信息资源大量分散于端设备的格局，云计算本身可以通过安全作为服务（SecaaS）的形式为改善互联网安全做出贡献。云计算中心可实现集约化和专业化的安全服务，改变当前人人都在打补丁、个个都在杀病毒的状况；还可以将备份作为一种服务形式，实现专门的云备份服务等。因此，大众用户在使用云服务的过程中所关注的云安全焦点将会进一步地转移到信任管理上来，传统的信息安全将会进一步发展为服务方和被服务方之间的信任和信任管理问题。可以说，人们普遍关心的云安全，实际上更多的是云计算中的信任管理。

如何理解云服务中心与大众用户之间的信任关系呢？在从传统的、自有的数据中心转向云计算中心的过程中，用户所面临的信任问题可以用银行存款的发展过程来打一个通俗的比方。过去的人可能认为把钱放在自己家里的某些隐蔽处最安全、最放心，但随着银行服务的发展，大家更多的是与银行签订服务契约，把钱存在银行里，由银行来保管。个人或者企业的敏感信息也具有某种相似性。用户为什么会将最敏感的数据交给云服务中心去管理？在缺乏信任管理、机制和技术保障的单机和互联网前期，恐怕大多数人都不放心。因为要防止数据的意外泄露、隐私被掌控等，所以此时数据还是放在自有的信息系统中，由用户自己来负责安全，如安装防火墙、杀毒软件、数据备份等。但是，随着云计算的快速发展，用户不一定非要将敏感信息放在自己身边。云计算的核心模式是服务，服务的前提是用户和服务提供方建立信任。建立这种用户使用云计算服务所需要的信任的社会关系，最基本、最重要的保证在于互联网的民主性所形成的由下而上的力量。事实上，信任不是一次性测试出来的，也不是依靠一套固定指标测出来的，它是云计算运作过程中累积出来的品质，是消除一个个不可信要素的过程。如何更好地抽象、应用这种应用演化中所涌现出来的信任，是云安全中信任管理的关键问题之一。云计算中信任的建立、维持和管理可以通过社会与技术手段相结合的方式来推动。

2.7.3 云计算的标准化问题

云计算的本质是为用户提供各种类型和可变粒度的虚拟化服务，而实现一个开放云计算平台的关键性技术基础则是服务间的互联、互通和互操作。互联、互通、互操作是网络技术在整个发展过程中所必须具备的基本特性。各种局域网和广域网协议让计算设备互通，传输控制协议 / 网间协议（TCP/IP）实现了网际互联。在万维网时代，超文本传输协议（HTTP）和超文本链接标记语言（HTML）等实现了终端与 Web 网站间的互操作，使得任何遵从这些协议的 Web 浏览器都能自由无缝地访问万维网，Web 服务与面向服务的体系结构（SOA）开启了服务计算的大门。

云计算下任何可用的计算资源都以服务的形态存在。目前，许多商业企业或组织已经为云计算构建了自己的平台，并提供了大量的内部数据和服务，但这些数据和服务在语法和语义上的差异依然阻碍了它们之间有效的信息共享和交换。云计算的出现并不会颠覆现有的标准，例如 Web 服务的基础标准：简单对象访问协议（SOAP）、Web 服务描述语言（WSDL）和服务注册与发现协议（UDDI）等。但是，在现有标准的基础上，云计算更加强调服务的互操作。如何制定更高层次的开放与互操作性协议和规范来实现云（服务）- 端（用户）及云 - 云间的互操作十分重要。

国际标准化组织 ISO/IECJTC1SC32 制定了 ISO/IEC19763 系列标准——互操作性元模型框架（MFI），从模型注册、本体注册、模型映射等角度对注册信息资源的基本管理提供了参考，能够促进软件服务之间的互操作。其中，中国参与制定的 ISO/IEC19763-3 本体注册元模型已正式发布。2009 年 ISO/IECJTC1SC7 与 ISO/IECJTC1SC38 分别设立了两个云计算研究组，其主要任务是制定云计算的相关术语，起草云计算的标准化研究报告。

此外，云安全联盟、开放云计算联盟、云计算互操作性论坛等行业组织也积极致力于建立相关云计算标准，包括虚拟机镜像分发、虚拟机部署和控制、云内部虚拟机之间的交流、持久化存储、安全的虚拟机配置等。这些行业组织建立云计算标准的步伐超前于国际标准化组织，中国云计算产业联盟亦要在标准化方面早做贡献。

第 3 章

云计算平台及关键技术

云计算已成为 ICT 产业发展的热点，云计算本质上是传统电信 IDC 增值业务的延伸和扩展，通过互联网对用户提供 IT 基础资源（包括计算、存储、网络、软件等）的按需租用，能够降低用户的 IT 运维成本，使得用户可以专注于自身业务。

云计算的发展带来了移动互联网网络资源、业务资源、用户资源在应用模式上的重大变化。多租户、资源共享、数据存储的非本地化、承载业务类型的多元化及网络带宽的快速增长不仅需要进一步强化传统的安全问题，同时也为移动互联网应用引入了新的安全问题。

因此，在云计算快速推进、广泛普及的同时，有必要重点对云安全技术进行系统研究，在云中引入更强大的安全措施；否则，云服务不仅无法控制，而且还将对国家、企业、用户带来严重的安全威胁。

3.1 主要云计算平台

目前，Amazon，Google，IBM，Microsoft，Sun 等公司提出的云计算基础设施或云计算平台虽然比较商业化，但对于研究云计算却是比较有参考价值的。当然，针对目前商业云计算解决方案存在的种种问题，开源组织和学术界也纷纷提出了许多云计算系统或平台方案。

1．Google 的云计算基础设施

Google 的云计算基础设施是在最初为搜索应用提供服务的基础上逐步扩展的，它主要由分布式文件系统 Google File System（GFS）、大规模分布式数据库 Big Table、程序设计模式 Map Reduce、分布式锁机制 Chubby 等几个既相互独立又紧密结合的系统组成。GFS 是一个分布式文件系统，能够处理大规模的分布式数据。图 3-1-1 所示为 GFS 的体系结构。系统中每个 GFS 集群由一个主服务器和多个块服务器组成，被多个客户端访问。主服务器负责管理元数据，存储文件和块的名空间、文件到块之间的映射关系以及每个块副本的存储位置；块服务器存储块数据，文件被分割成为固定尺寸（64MB）的块，块服务器把块作为 Linux 文件保存在本地硬盘上。为了保证可靠性，每个块被缺省保存 3 个备份。主服务器通过客户端向块服务器发送数据请求，而块服务器则将取得的数据直接返回给客户端。

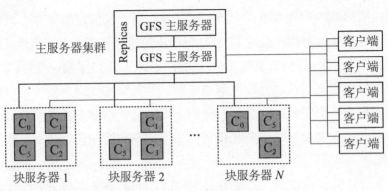

图 3-1-1　GFS 的体系结构

2．IBM 的"蓝云"计算平台

IBM 的"蓝云（Blue Cloud）"计算平台由一个数据中心、IBM Tivoli 监控（Tivoli Monitoring）软件、IBM DB2 数据库、IBM Tivoli 部署管理（Tivoli Provisioning Manager）软件、IBM WebSphere 应用服务器（Application Server）以及开源虚拟化软件和一些开源信息处理软件共同组成，如图 3-1-2 所示。"蓝云"采用了 Xen，PowerVM 虚拟技术和 Hadoop 技术，以帮助客户构建云计算环境。"蓝云"软件平台的特点主要体现在虚拟机以及所采用的大规模数据处理软件 Hadoop。该体系结构图侧重于云计算平台的核心后端，未涉及用户界面。由于该架构是完全基于 IBM 公司的产品设计的，所以也可以理解为"蓝云"产品架构。

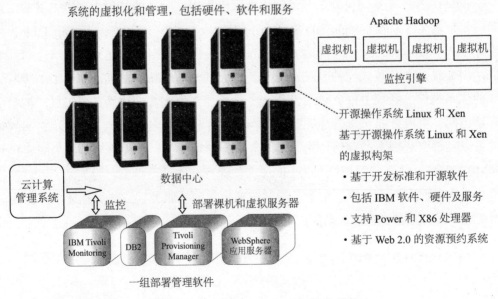

图 3-1-2　IBM "蓝云"的体系结构

3．Sun 的云基础设施

Sun 提出的云基础设施体系结构包括服务、应用程序、中间件、操作系统、虚拟服务器、物理服务器等 6 个层次。图 3-1-3 形象地体现了"云计算可描述在从硬件到应用程序的任何传统层级提供的服务"的观点。

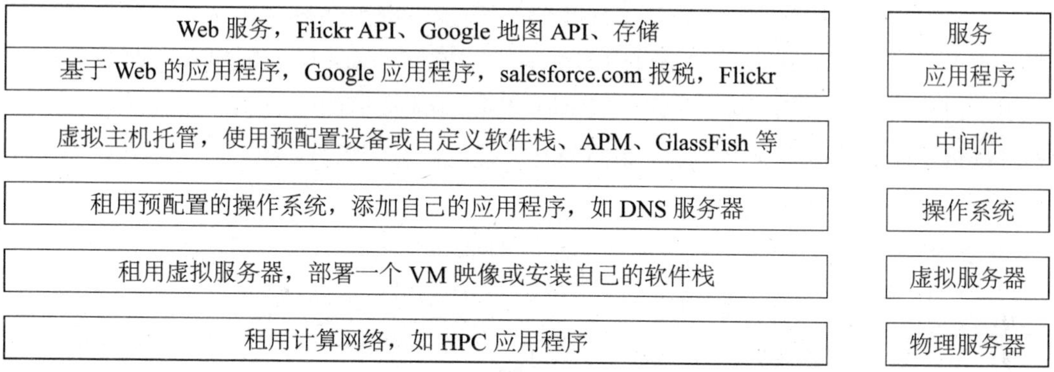

Web 服务，Flickr API、Google 地图 API、存储	服务
基于 Web 的应用程序，Google 应用程序，salesforce.com 报税，Flickr	应用程序
虚拟主机托管，使用预配置设备或自定义软件栈、APM、GlassFish 等	中间件
租用预配置的操作系统，添加自己的应用程序，如 DNS 服务器	操作系统
租用虚拟服务器，部署一个 VM 映像或安装自己的软件栈	虚拟服务器
租用计算网络，如 HPC 应用程序	物理服务器

图 3-1-3　Sun 的云计算平台

4．微软的 Windows Azure 云平台

如表 3-1-1 所示，微软的 Windows Azure 云平台包括 4 个层次。底层是全球基础服务层（Global Foundation Service，GFS），由遍布全球的第四代数据中心构成；云基础设施服务层（Cloud Infrastructure Service）以 Windows Azure 操作系统为核心，主要从事虚拟化计算资源管理和智能化任务分配；Windows Azure 之上是一个应用服务平台，它发挥着构件（building block）的作用，为用户提供一系列的服务，如 Live 服务、NET 服务、SQL 服务等；最上层是客户服务层，如 Windows Live，Office Live，Exchange Online 等。

表 3-1-1　微软的 WindowsAzure 云平台架构

名　称	内　容
客户服务层	Windows Live，Office Live，Exchange Online
应用服务平台	Live 服务、NET 服务、SQL 服务
云基础设施服务层	Windows Azure 计算、存储、管理
全球基础服务层	Hardware Networking Deployment Operation

5．Amazon 的弹性计算云

Amazon 是最早提供云计算服务的公司之一，该公司的弹性计算云（Elastic Compute Cloud，EC2）平台建立在公司内部的大规模计算机、服务器集群上，为用户提供网络界面操作在"云端"运行的各个虚拟机实例（Instance）。用户只需为自己所使用的计算平台实例付费，运行结束后，计费也随之结束。弹性计算云用户使用客户端通过 SOAP over HTTPS 协议与 Amazon 弹性计算云内部的实例进行交互，如图3-1-4所示。弹性计算云平台为用户或者开发人员提供了一个虚拟的集群环境，在用户具有充分灵活性的同时，也减轻了云计算平台拥有者（Amazon 公司）的管理负担。弹性计算云中的每一个实例代表一个运行中的虚拟机。用户对自己的虚拟机具有完整的访问权限，包括针对此虚拟机操作系统的管理员权限。虚拟机的收费也是根据虚拟机的能力进行费用计算的，实际上，用户租用的是虚拟的计算能力。

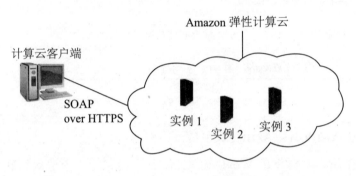

图 3-1-4　Amazon 的弹性计算云

6. 学术领域提出的云平台

Luis M.Vaquero 等人从云计算参与者的角度设计了一种云计算平台的层次结构。该结构中，服务提供商负责为服务消费者提供通过网络访问的各种应用服务，基础架构提供商以服务的形式提供基础设施给服务提供商，从而降低服务提供商的运行成本，提供了更大灵活性和可伸缩性。美国伊利诺伊大学（University of Illinois）的 Robert L.Grossman 等人提出并实现了一种基于高性能广域网的云计算平台 Sector/Sphere，实验测试显示性能方面优于 Hadoop。澳大利亚墨尔本大学（University of Melbourne）的 Rajkumar Buyya 等人提出了一种面向市场资源分配的云计算平台原型，其中包括用户/代理商（User/Broker）、服务等级协议资源分配（SLA Resource Allocator）、虚拟机（VM）、物理机器（Physical Machine）等 4 个实体（层次）。

3.2 云安全架构体系

在系统论述云计算安全技术之前，首先需要建立一个合理、完备的安全架构体系。

在云安全构架的指导下，可以有效地部署各种云安全关键技术，以满足云业务提供商、运营商、安全厂商、用户构成的云生态系统的安全需求，从容应对云环境下各种安全威胁。

如图 3-2-1 所示，云安全架构共分为用户域、云服务域、监管域 3 个域。用户域涉及用户侧安全技术，包括云终端设备安全与云终端身份管理技术。云服务域涉及云服务侧安全技术，主要从 IaaS，NaaS，PaaS，SaaS 4 个业务层级考虑安全关键技术的部署。由于云数据安全比较特殊，它贯穿了整个云服务域，需要从云服务域整体角度考虑予以论述。同时，本架构还构建了统一的云监管域，部署云监管相关安全技术，监控用户域与云服务域的运行情况。

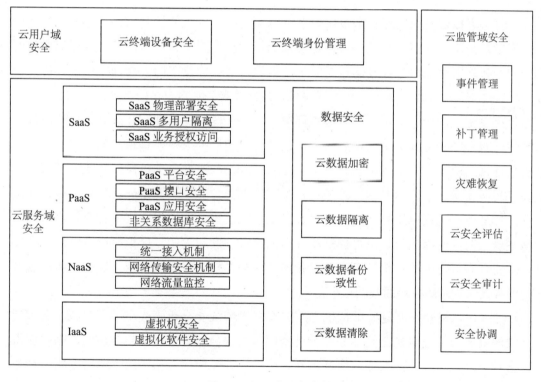

图 3-2-1　云安全架构图

3.3　云服务域安全

本节描述的云服务域从 SaaS，PaaS，NaaS，IaaS 这 4 个层面展开讨论。由于云服务域中的数据安全比较特殊，所有层面均可涉及数据安全，因此，本节将云数据安全

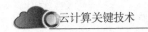

单独作为一个子节进行论述。

3.3.1 IaaS 安全

云业务提供商利用虚拟化相关技术构建虚拟化服务器,可以大幅度提高物理服务器的运算效率与利用率。而虚拟化作为 IaaS 层面的核心技术,其安全问题不容忽视。本节从虚拟机自身安全与虚拟化软件(虚拟化管理平台)安全两个方面展开论述。

1.虚拟机安全

咨询公司 Gartner 预测,2015 年全球将有超过半数的服务器使用虚拟技术,如果不能解决虚拟机的安全问题,那么云计算基础设施层将面临严重的安全风险。虚拟机可能面临的典型安全问题如下:

(1)虚拟机逃逸问题。虚拟化技术可以实现各种资源的按需、快速分配。在某些情况下甚至不需重启虚拟机即可分配硬件资源。随着虚拟化技术的普及,虚拟机的安全问题随之而来。看似独立运行的多个虚拟机,很可能位于同一物理主机上。传统物理机条件下,物理机上所有运行的程序可以彼此"看"到对方,如果具备足够的权限,它们可以相互进行通信。但在虚拟机环境下,由于虚拟化软件存在漏洞,导致虚拟机中运行的程序绕过底层进入宿主机中,这种现象被称为虚拟机逃逸。理论上讲,虚拟机逃逸是指攻击者突破虚拟机管理器(Hypervisor),获得宿主机操作系统管理权限,并控制宿主机上运行的其他虚拟机。产生此问题的原因:一是 Hypervisor 本身存在漏洞,二是虚拟机用户发起恶意攻击。若出现虚拟机逃逸的情况,攻击者既可攻击同一宿主机上的其他虚拟机,也可控制所有虚拟机对外发起攻击。虚拟机逃逸的后果会使整个安全虚拟化模型完全崩溃,攻击者能获取宿主机的绝对控制权。因此,虚拟机逃逸通常被认为是虚拟机面临的最严重威胁。

(2)虚拟机嗅探问题。虚拟机之间的嗅探对传统安全机制提出了新挑战。由于同一物理服务器上虚拟机之间不需要经过物理防火墙与交换机设备相互访问,因而使得攻击者可以利用简单的数据分组探测器,很轻松地读取虚拟机网络上所有的明文传输信息。然而,传统安全设备尚不能提供防虚拟机嗅探的安全防护手段。

针对上述安全威胁,下面介绍 4 种虚拟机防护机制。

1)虚拟机自身安全。为保证虚拟机自身的安全,一般采用的方法是在每台虚拟机上安装防火墙、入侵检测软件等,但这将造成资源的大量浪费。目前,业界流行的做法是在一个虚拟化系统中启用一个或多个独立的具有防火墙、入侵检测等安全功能的虚拟机,为其他业务逻辑虚拟机进行安全保护。以 VMware vShield Endpoint 为代表,

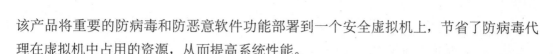

该产品将重要的防病毒和防恶意软件功能部署到一个安全虚拟机上，节省了防病毒代理在虚拟机中占用的资源，从而提高系统性能。

在虚拟服务器环境中，几个虚拟机共享主机服务器上有限的物理硬件资源。如果其中的任何一个虚拟机过度消耗硬件资源，其他虚拟机则不能正常运行。为避免攻击者对单个虚拟服务器发动 DDoS 攻击，虚拟化系统需要对虚拟机进行全面的监控，并对单个虚拟机消耗的内存和 CPU 时间进行限制，避免任何一个虚拟机过度消耗物理硬件的资源。

此外，可以采用虚拟化在线管理系统对虚拟机进行管理，对物理服务器及 Hypervisor 的运维操作应遵循运维相关流程，采用实时审计技术予以监控，并建立和完善各虚拟机的安全日志、系统日志和防火墙日志。虚拟机销毁及迁移以后，需要及时消除原有物理服务器上的磁盘和内存数据，使虚拟机无法恢复。对不需要运行的具有安全隐患的虚拟机要及时关闭。

2）虚拟机隔离技术。物理资源共享使得虚拟机很容易遭受同一物理机的其他虚拟机的恶意攻击，因此有必要将各虚拟机进行逻辑或物理隔离。虚拟机的隔离程度依赖于虚拟化技术，在没有进行特殊配置的情况下，虚拟机之间并不允许相互通信。虚拟机之间的有效隔离，可以保证未授权的虚拟机不能访问其他虚拟机的资源，出现安全问题的虚拟机也不会影响其他虚拟机及虚拟机系统的正常运行。

为了实现虚拟机之间的隔离，可以根据业务属性、业务安全等级、网络属性等方式对虚拟机进行分类，目前流行的安全策略有 TCP 五元组（源 IP 地址、目的 IP 地址、源端口、目的端口、协议）、安全组（资源池、文件夹、容器）等；也可以从更小的颗粒度对虚拟机进行隔离，如将虚拟机与用户身份、业务逻辑标识或租户进行关联，能在虚拟化层识别各虚拟机所从属的用户、业务逻辑或租户，再根据相应的访问控制策略对其进行安全保护，从而增强安全功能；还可以通过 VLAN 的不同 IP 网段的方式进行隔离。对于一些运载如财务、商业机密等敏感业务逻辑的虚拟机，可以使用专用 CPU、存储、虚拟网络对其进行物理隔离。

3）虚拟机迁移技术。为了实现资源的复用和性能的隔离，虚拟化技术将各种应用实例封装在不同的虚拟机中，从而运行在共享的物理硬件服务器上。但当这些服务器因为某种故障瘫痪时，运行在服务器上面的虚拟机将一同遭殃。另外，在资源聚合过程中，如果没有合适有效的负载分配与调度算法，很容易导致服务器负载不均衡，使得部分服务器负载超过处理能力，而部分服务器负载远远低于处理能力。由此可能带来系统不稳定、服务质量降低等一系列问题。

采用虚拟机迁移技术不仅可以在某些服务器故障瘫痪时，将业务自动切换到网络其他相同环境的虚拟服务器中，以达到业务连续性的目的，而且可以实现负载均衡，从而提升系统整体性能。同时，迁移技术使得用户可以用一台服务器同时替代以往的多台服务器，从而节省了用户大量的机房空间及管理资金、维护费用和升级费用。迁移的优势在于简化系统维护管理，提高系统负载均衡，增强系统错误容忍度和优化系统电源管理。目前流行的虚拟化管理平台如 VMwar$_e$，X$_{en}$，HyperV，KVM 都提供了各自的迁移组件。

可靠的虚拟机迁移技术是解决虚拟机安全问题的关键。因为可靠的虚拟机迁移安全机制能有效地保证虚拟机成功迁移。一方面，必须保证迁移过程的安全，特别是在线的迁移过程，如 VMware 的 vMotion 技术可灵活实现虚拟机的在线迁移，但其传输虚拟机内存的 vMotion 过程是非加密的，所以需要采取隔离措施，让所有 vMotion 事件发生在专有媒介独立的网络中。另一方面，还需保证迁移前后的安全配置环境一致。首先在虚拟机迁移之前，为确保虚拟机迁移目的平台的安全性和可靠性，可以先对虚拟平台进行远程认证和一致性检测等措施，从而确保虚拟机成功迁移和安全运行。其次，虚拟机对应的 VLAN ID 和 QoS 等网络层信息应一并迁移，外置防火墙上部署的安全策略也应进行迁移，具体可按照如下步骤进行：

第一，通过管理中心感知虚拟机的迁移过程，提取该迁移消息中的有效信息，并通过内部维护的网络拓扑关系等技术定位到新的防火墙。

第二，对于迁出服务器对应的防火墙产品的安全策略重新标记，使迁出虚拟机的相关安全策略不再处于激活状态。

第三，对于迁入的防火墙，将虚拟机所绑定或对应的安全策略组进行配置下发，以保证该虚拟机仍然可以得到和迁移前相同的访问控制权限。

最后，需保证虚拟机与服务器之间的认证、授权信息同步迁移。

4）虚拟机补丁管理。虚拟化服务器与物理服务器一样需要补丁管理和日常维护。对虚拟机进行补丁修复，可以有效降低系统的安全风险。但是，随着虚拟机增长速度的加快，补丁修复问题也在成倍上升。虚拟机和物理机打补丁的区别是在于数量。例如，一个企业采用3种虚拟化环境(两个网络内部，一个隔离区)，大约有150台虚拟机，这样的布置使得管理程序额外增加了功能用于补丁管理，而且当服务器成倍增长时，也给技术工程师增加补丁服务器数量带来一定压力。因此，虚拟化系统需要支持虚拟机补丁的批量升级和自动化升级，并加强对休眠虚拟机安全系统状态的监控。

补丁管理是系统化的工作，其实施的好坏直接影响组织的总体安全水平，而在整个实施过程中需要协调多方面的资源以及所有 IT 用户的关注和支持。其流程如图3-3-1 所示。

ⅰ）现状分析。补丁管理首先需要分析 IT 环境和信息资产重要登记，以便有针对性地跟踪组织所需要的补丁和应对措施。

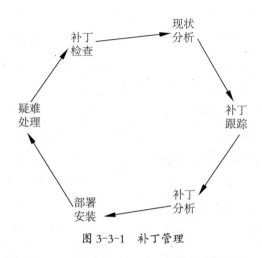

图 3-3-1　补丁管理

IT 环境：与系统管理员和网络管理员讨论确定组织的安全策略、当前使用的操作系统类型和版本、应用软件类型和版本、网络设备类型和版本以及相应的补丁版本等。

信息资产重要登记：了解组织的应用状况，掌握目前组织的重要信息资产，根据业务流程的重要程度，确定资产的价值度，然后根据软件版本、补救措施、业务空闲时间等确定打补丁的紧急程度和时间。

ⅱ）补丁跟踪。根据组织的 IT 环境跟踪对应软件的补丁，补丁的来源主要分为 3 类：软件厂商、安全机构和安全厂商。

ⅲ）补丁分析。

分析漏洞影响：根据漏洞的威胁成因和严重性进行分析，制定相应的计划。

确定补丁的严重等级：根据厂商的安全公告和安全补丁信息，确定符合组织的补丁严重等级，制定补丁修补计划，包括修补时间和修补方式。

测试补丁：根据组织的实际应用环境进行补丁测试，判断该补丁在组织环境下的兼容状况。补丁测试需要遵从测试的广泛性和针对性，即在组织的实际情况下进行充分测试。测试环境需要包含组织的各种应用，尤其是关键应用，以判断补丁对关键应用的影响。测试补丁需要从安全可靠的地址获取补丁软件。如果在测试过程中发现问题，需要做详细的分析，判断发生问题的原因，并做及时的处理；如果不能解决则需要记录下发生该问题的环境，并进行重复验证；如果证实是该环境和补丁发生冲突，则反馈给厂商。

ⅳ）部署安装。补丁测试后，如果没有问题，需要根据紧急程度制订补丁分发计划，通常根据组织的环境分批安装，原则上资产价值大、威胁等级高的系统优先安装。

确定顺序后，提交变更，相关人员进行补丁安装。

提交变更后，组织评审小组（包括安全专家、系统管理员等）对变更的必要性、风险和补丁推行计划等问题进行评审。评审通过后，由系统管理员和业务代表根据各系统业务的实际情况协商变更时间，确定变更计划。确定变更计划后，每个系统管理员各自提交变更请求进行系统变更，同时记录变更过程中提交的问题。

ⅴ）疑难处理。在补丁安装过程中，由于系统的多样性和复杂性，经常会发生很多问题。相关人员应时刻记录这些问题，并进行技术分析，以便尽快解决。对于能解决的问题，应尽快进行总结并编写 FAQ，以便在组织内部解决相同的问题。对于不能解决的问题可以分为两种情况。

a. 不能安装补丁：此时需要确定临时的解决办法消除漏洞威胁，或者暂时接受当前的风险。

b. 安装补丁后系统或应用不能正常运行：此时需要启用应急方案，采用备份系统或者卸载补丁。

同时，将这些不能解决的问题提交给厂商。

ⅵ）补丁检查。

为了确定补丁的安装情况，需要对安装的系统进行检查。既可以通过工具进行全网检查，也可以通过漏洞扫描工具进行检查，通过编写的脚本进行检查或者人工抽查。

2．虚拟化软件安全

虚拟化软件层直接部署于裸机之上，提供能够创建、运行和销毁虚拟服务器的能力。主机层的虚拟化能通过任何虚拟化模式完成，包括操作系统级虚拟化、半虚拟化或基于硬件的虚拟化。其中，Hypervisor 作为该层的核心，应重点确保其安全性。

Hypervisor 是一种在虚拟环境中的元操作系统，其可以访问服务器上包括磁盘和内存在内的所有物理设备。Hypervisor 不但协调硬件资源的访问，同时也在各个虚拟机之间施加防护。当服务器启动并执行 Hypervisor 时，会加载所有虚拟机客户端的操作系统并分配给每台虚拟机适量的内存、CPU、网络和磁盘。Hypervisor 实现了操作系统和应用程序与硬件层之间的隔离，这样就可以有效地减轻软件对硬件设备及驱动的依赖性。Hypervisor 支持多操作系统和工作负载，每个单独的虚拟机或虚拟机实例都能够同时运行在同一个系统上，并共享计算资源。同时，每个虚拟机可以在不同平台之间迁移，实现无缝的工作负载迁移和备份能力。

目前，市场上有多种 X86 管理程序（Hypervisor）架构，其中 3 个最主要的架构如图 3-3-2 所示。

虚拟机直接运行在系统硬件上，创建硬件全仿真实例，被称为裸机型。

虚拟机运行在传统操作系统上，同样创建的是硬件全仿真实例，被称为托管（宿主）型。

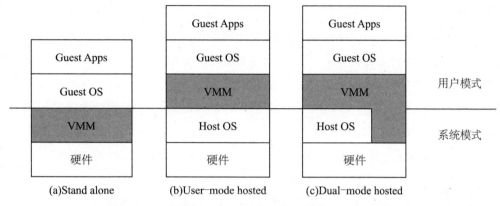

图 3-3-2　Hypervisor 架构

虚拟机运行在传统操作系统上，创建一个独立的虚拟化实例（容器），指向底层托管操作系统，被称为操作系统虚拟化。

其中，裸机型的 Hypervisor 最为常见，直接安装在硬件计算资源上，操作系统安装并运行在 Hypervisor 之上。

正是由于可以控制在服务器上运行的虚拟机，Hypervisor 自然成为攻击的首要目标。保护 Hypervisor 的安全远比想象中更复杂，虚拟机可以通过几种不同的方式向 Hypervisor 发出请求，这些方式通常涉及 API 的调用，因此 API 往往是恶意代码的首要攻击对象，所以所有的 Hypervisor 必须重点确保 API 的安全，并且确保虚拟机只会发出经过认证和授权的请求，同时对 Hypervisor 提供的 HTTP，Telnet，SSH 等管理接口的访问进行严格控制，关闭不需要的功能，禁用明文方式的 Telnet 接口，并将 Hypervisor 接口严格限定为管理虚拟机所需的 API，关闭无关的协议端口。此外，恶意用户利用 Hyprevisor 的漏洞，也可以对虚拟机系统进行攻击。由于 Hypervisor 在虚拟机系统中的关键作用，一旦其遭受攻击，将严重影响虚拟机系统的安全运行，造成数据丢失和信息泄漏。

针对上述安全威胁，本节介绍 3 种虚拟化软件保护机制。

（1）虚拟防火墙。虚拟防火墙是完全运行于虚拟环境下的防火墙，它如同一台虚拟机，一般运行在 Hypervisor 中，对虚拟机网络中的数据分组进行过滤和监控。虚拟防火墙可以是主机 Hypervisor 中的一个内核进程，也可以是一个带有安全功能的虚拟交换机。

在 Hypervisor 中，虚拟机不直接与物理网络相连，通常只连接到一个虚拟交换机上，再由该虚拟交换机与物理网络适配器连接。在这种类型的架构中，每个虚拟机共享物理网络适配器和虚拟交换机，这使得两台虚拟机之间可以直接通信，数据分组不通过物理网络，也不被硬件防火墙所监控。克服这种缺陷的最好方法就是创建虚拟防火墙，或者在所有的虚拟机上安装软件防火墙，以利用虚拟防火墙确保 Hypervisor 的安全。

（2）访问控制。访问控制是实现既定安全策略的系统安全技术，它通过某种途径显示管理所有资源的访问请求。根据安全策略要求，访问控制对每个资源请求做出许可或限制访问的判断，可以有效防止非法用户访问系统资源，以及合法用户非法使用资源等情况的发生。在 Hypervisor 中设置访问控制机制，可以有效管理虚拟机对物理资源的访问，控制虚拟机之间的通信。

虚拟化软件通常安装在服务器上。如果虚拟主机能够使用主机操作系统，那么该主机操作系统中不能包含任何多余的角色、功能或者应用。主机操作系统只能运行虚拟化软件和重要的基础组件（如杀毒软件或备份代理）。同时避免将操作系统加入到生产环境中，可以在专用活动目录中创建一个专门的管理域管理虚拟主机。该类型的域允许使用域成员的管理产品，而不用担心主机服务器被盗后曝光生产域。

目前，很多组织在虚拟机中部署了 vIDS/vIPS。vIDS/vIPS 可以通过分析网络数据或采集系统数据对虚拟机进行安全控制，其具有以下作用：

1）监视分析用户及系统活动；

2）进行系统配置和弱点审计；

3）识别反映已知进攻的活动模式并向相关人员报警；

4）进行异常行为模式的统计分析；

5）评估重要系统和数据文件的完整性；

6）进行操作系统的审计跟踪管理，并识别用户违反安全策略行为。

（3）漏洞扫描。针对虚拟化软件的漏洞扫描是加强虚拟化安全的一个重要手段。虚拟化软件的漏洞扫描主要包括以下几个方面的内容：

1）Hypervisor 的安全漏洞扫描和安全配置管理；

2）虚拟化环境中多个不同版本的 Guest OS 系统的安全漏洞扫描，如虚拟机承载的 Windows（XP/2000/2003）系统、Linux（Ubuntu/Redhat）系统等；

3）虚拟化环境中第三方应用软件的安全漏洞扫描；

4）云计算环境下的远程漏洞扫描。

虚拟化软件的漏洞扫描系统逻辑结构如图 3-3-3 所示。

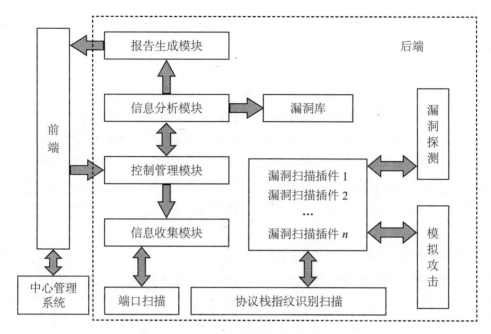

图 3-3-3 漏洞扫描系统逻辑结构

前端主要实现信息的传递通信。前端一方面将中心管理系统传递的用户请求和控制信息及时传至后端相应模块,另 方面又将扫描结果反馈至中心管理系统,双方通信主要通过调用 Socket API 来实现。

后端主要收集目标系统的基本信息,依据收集的信息调用相应的漏洞扫描插件完成漏洞扫描,并生成包括目标的弱点、漏洞危险级别及漏洞修补方法在内的漏洞扫描报告。后端的构成包含以下几个模块:控制管理模块、信息收集模块、信息分析模块、报告生成模块、漏洞库、漏洞扫描插件库等。

1)控制管理模块是后端的核心,主要功能有:接收前端传递的扫描请求,并从信息收集模块接收信息;调用漏洞扫描插件进行外部扫描和模拟入侵,将所有返回信息递交分析模块;分析模块与漏洞库信息进行比对,并将比对结果交至报告生成模块,由报告生成模块交至前端。

2)信息收集模块主要利用端口扫描与协议栈指纹识别等扫描技术从目标主机搜集相关信息,这些信息包括目标主机的开放端口和服务信息,以及其使用的操作系统类型和版本控制信息等;或者从主机内部利用系统管理员身份收集主机的安装及配置信息,包括安装的软件、补丁版本、文件属性设置等。

3)信息分析模块主要用于将收集的信息与漏洞库中的信息进行对比分析。

4)报告生成模块主要将信息分析结果以明确的方式进行显示,方便管理员查看。

5）漏洞库用于存放已知的安全漏洞数据，这些数据一般由各软件公司公布的漏洞信息和其他安全测试人员发现的漏洞信息组成。漏洞库中的数据以规格化存储，以便对其进行查询、增添、删除和修改等方面的管理及匹配原则的制定。

6）漏洞扫描插件库中的插件是信息收集或模拟攻击的脚本。每个插件封装成一个或多个漏洞的测试手段，用于对被测试的系统进行漏洞探测和模拟入侵。

另外，启用 Hypervisor 的内存安全强化策略，将虚拟化内核、应用程序及可执行组件存储在无法预测的随机内存地址中，可以使恶意代码很难通过内存漏洞利用系统漏洞。同时开启 Hypervisor 的内核模块完整性检查功能，以利用数字签名确保由虚拟化环境加载的模块、驱动程序及应用程序的完整性和真实性。

3.3.2 NaaS 安全

在云环境中，云业务提供商在考虑诸多新特性所带来的安全挑战的同时，也不能忽视传统网络的安全问题。因此，云业务提供商需向用户提供网络安全即服务，系统地考虑 NaaS 安全技术。首先，云环境下，特别是公有云环境下，外部用户访问云系统需要部署统一的接入认证机制，以保证云系统的访问控制安全。其次，在某些场景下，特别是在私有云场景下，用户的接入物理位置与被访问的云系统位置可能相隔千里，为了保障用户在访问过程中实现端到端的安全，需要部署网络传输安全机制。最后，为了使云服务提供商更好地实时监控物理网络流量，防止异常流量攻击的发生，网络流量监控机制也需考虑。

1．统一接入机制

统一接入机制，即云用户身份管理及访问机制，指用户可以根据被统一分配的不同级别身份角色来访问云平台资源所涉及的流程、技术和策略。正确使用身份管理能够提高云系统的运营效率，还能满足云计算安全相关法规、隐私和数据保护等方面的安全需求。

统一接入机制包含以下几个功能。

（1）身份的有效管理。统一接入机制支持用户账号生命周期管理：用户身份管理要遵循账号的生命周期管理，该用户可以是外部用户、系统、管理人员。生命周期管理必须包括账号注册、角色权限分配、角色权限变更、账号删除全过程的管控。账号注册、变更等均需有相应的审批过程。可以通过建立用户组，对用户进行集中的身份管理，为集中访问控制、集中授权、集中审计提供便利。

（2）密码及认证管理。

1）该机制需建立统一的认证系统，提高访问认证的安全性，并对不同级别用户的

密码进行系统管理，可根据云计算系统的安全策略来统一设定相应的密码策略，如密码长度、密码复杂度等。同时，云系统需支持密码同步服务和密码重置服务。

2）云系统支持主流认证方式，如 LADP、数字证书认证、令牌卡认证、硬件信息绑定认证、生物特征认证、多因素认证等，可按需撤销这些信任凭证。以上部分具体细节，如生物特征认证、多因素认证等关键技术将在 5.3 节云终端域详细讨论。

3）系统支持不同应用系统的单点登录，并可设置单点登录的最长会话时间、最长空闲时间、最长高速缓存时间等。

4）云系统支持对不同类型和等级的系统、服务、端口采用相应等级的一种或多种组合认证方式，以满足安全等级与成本、易用性的平衡要求。

5）云系统支持提供用户访问日志记录，记录用户登录信息，包括系统标识、登录用户、登录时间、登录 IP、登录终端等标识。

（3）访问授权。

1）系统支持根据身份标识及访问策略（如角色或访问控制列表）访问系统资源。

2）用户账号访问授权精确到自然人，用户通过账号进行标识，每个用户一个账号，每个账号只属于一个人。

3）系统支持集中控制用户访问：根据用户、用户组、用户级别进行集中授权和分级授权，控制用户可以执行的操作。

4）云系统支持访问策略制定：针对不同用户，对资源的访问权限进行策略制定；针对指定的资源定义相应的访问控制列表，并需要反映到虚拟化层，如虚拟机的 IP 地址和端口号、访问时间等。可借鉴的技术有 RBAC，ACL 等。

（4）审计。云服务提供商提供的云系统根据已定义的访问策略在企业或机构内对用户访问资源合规性进行及时的监控、审计。例如，支持用户账号权限的集中审计：用户账号集中审计能发现、阻止私设账号或账号逾期未收回，利用已经作废或假冒的账号进行登录尝试，试图利用合法账号访问未经授权的资源等非法行为。

（5）身份与访问管理 API。身份管理的功能要支持 API 的方式来实现，部署 API 安全受控机制，由云系统安全管理员操作云系统安全监控设备监控系统 API 访问受控行为，预防、阻止黑客操控恶意应用进行非法 API 攻击。

2．云环境下网络传输安全机制

云计算分布式的特性决定用户的物理位置与云系统资源所处的物理位置可能相隔较远，且通过公网或专网相连，而用户访问所获取的数据往往是企业的核心数据或者用户个人敏感数据，为了保证用户远距离访问云系统资源过程的安全性，需要部署云

环境下的网络传输保护机制，典型技术如虚拟专用网络 VPN 机制。

VPN 指的是在公用网络上建立专用网络的技术。整个 VPN 网络的任意两个节点之间的连接并没有传统专网所需的端到端的物理链路，而是架构在公用网络服务商所提供的网络平台，如 Internet，ATM（异步传输模式），frame relay（帧中继）等之上的逻辑网络，用户数据在逻辑链路中传输。

VPN 具备以下特性。

1）成本低。投资小，只需购买相关的 VPN 设备，并向本地 ISP 购买一定带宽的接入服务。

2）高可用性。通过购买 ISP 的宽带接入服务，部分维护责任迁移至 ISP。如果公网中的一个 VPN 节点不可用，可以使用公网的另外一个节点代替。

3）高安全性。通过加密技术使数据分组在公网上安全地传输，实现端到端的安全性。

4）高可扩展性。可从公网动态申请网络资源，进行 VPN 的动态扩展和维护，有利于保护投资，降低网络投资成本。

由于 VPN 在不安全的 Internet 中实现通信机制，需支持采用安全机制实现 VPN 的安全通信，如隧道技术、加/解密认证技术、密钥交换技术等。

（1）IPsec。IPsec（IP security，IP 网络层安全标准）支持 IPv4 和 IPv6，可以"无缝"地为 IP 层引入安全特性，并为数据源提供身份验证、完整性检查及机密性保证机制。IPsec 为一组协议，包括安全协议及相关安全参数的密钥管理协议部分。它为数据源提供身份验证、完整性检查及机密性保证机制。

IPsec 在两个端点之间建立 SA（security association，安全联盟）进行数据的安全传输。SA 定义了数据保护中使用的协议和算法，以及 SA 有效时间等属性。IPsec 在转发加密数据时产生新的 AH，ESP 或（AH 与 ESP）附加报头，且被加密，附加报头和加密用户数据被封装在一个新的 IP 数据分组中；传输方式中，只是传输层（如 TCP，UDP，ICMP）数据被用来计算附加报头，附加报头和被加密的传输层数据被放置在原来 IP 报头的后面。

IPSec 提供了两个主机之间、两个安全网关之间或主机和安全网关之间的数据保护。在两个端点之间可以建立多个 SA，并结合访问控制列表，使 IPsec 可以对不同的数据流实施不同的保护策略。由于 SA 是单向的，通常两个端点之间存在 4 个 SA，其中每个端点有两个 SA：一个用于数据分组发送，另一个用于接收。

（2）GRE。GRE（Generic Routing Eucapsuluation，通用路由封装协议）主要用于源路由和目的路由之间所形成的隧道。GRE 隧道通常是点到点的，即隧道只有一个源地址和一个目的地址。随着技术的进步，现在也有通过使用下一跳路由协议 NHRP 实现点到多点的 GRE 隧道。

在 VPN 的技术体系中，普通主机网络的每个点都可利用其地址及路由所形成的物理连接，配置成一个或多个隧道。在 GRE 隧道技术中入口地址使用普通主机网络的地址空间，而在隧道中流动的原始报文使用 VPN 的地址空间，这样就要求隧道的起点和终点作为 VPN 与普通主机网络之间的交界点。这种方法的好处是使 VPN 的路由信息从普通主机网络的路由信息中隔离出来，从而多个 VPN 可以重复利用同一个地址空间而没有冲突。

（3）加 / 解密认证技术。为了保证数据在 VPN 传输过程中的安全性，不被非法用户窃取或篡改，一般都在 VPN 隧道的起点进行加密，在隧道终点再对其进行解密。

现在的 VPN 大都采用单钥的 DES 和 3DES 作为加 / 解密的主要技术，而以公钥和单钥的混合加密体制（即加 / 解密采用单钥密码，而密钥传送采用双钥密码）来进行网络上的密钥交换和管理，不但可以提高传输速度，还具有良好的保密功能。

认证技术可以防范来自第三方的主动攻击。用户和设备双方在交换数据之前，先核对彼此的数字证书，如果准备无误，双方再开始交换数据。用户身份认证最常用的技术是口令认证，而网络设备之间的认证则需要依赖由 CA 所颁发的电子证书。目前主要的认证方式有：简单口令，如质询手验证协议 CHAP 和密码身份验证协议 PAP 等；动态口令，如动态令牌和 X.509 数字证书等。

（4）密钥交换技术。IKE 是指 IPSec 定义的密钥交换技术。它沿用了 ISAKMP 的基础、OAKLEY 的模式及 SKEME 的共享和密钥更新技术，从而定义出了自己独一无二的验证加密生成技术和共享策略协商技术。IKE 协议依靠对称密码体制、非对称密码体制和散列函数，提供了诸多的交换模式和相关的选项。

IKE 定义了通信双方进行身份认证、协商加密算法及生成共享的会话密钥方法。IKE 的精髓在于不在不安全网络直接传送密钥，而是通过一系列安全的数据交换，通信双方最终计算出共享密钥。

（5）访问控制技术。VPN 的基本功能是对用户实现访问控制。由 VPN 服务的提供者与最终网络信息资源的提供者，共同来协商确定不同用户对特定资源的访问权限，以此实现基于用户的细粒度访问控制，以实现对信息资源最大程度的保护。

访问控制策略可以细分为选择性访问控制和强制性访问控制。选择性访问控制是基于主体或主体所在组的身份，一般被内置于操作系统当中，而强制性访问控制则是基于被访问信息的敏感性。

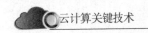

3．云环境下网络流量监控

为避免网络攻击对云系统的危害，需要在网络行为分析的基础上，根据特定的安全策略对网络流量进行审计。审计的方法可以包括：关键字、关键协议、关键数据来源等。

网络流量审计主要使用深度包检测技术（Deep Packet Inspection，DPI）和深度流检测技术（Deep Flow Inspection，DFI）技术。

（1）DPI 技术。DPI 技术是一种基于应用层的流量检测和控制技术，可通过分光等方式检测网络数据流出入。当 IP 数据分组、TCP 或 UDP 数据流通过基于 DPI 系统时，该系统通过深入读取 IP 分组载荷的内容来对 OSI 7 层协议中的应用层信息进行重组，从而得到整个应用程序的内容。通过 DPI 技术分析 IP 报文中的数据，识别业务类型、用户访问目标地址、用户接入方式、终端类型、位置等信息。

（2）DFI 技术。在网络行为分析过程中，DFI 技术可以作为 DPI 技术的补充。DFI 与 DPI 进行应用层的载荷匹配不同，采用的是一种基于流量行为的应用识别技术，即不同的应用类型体现在会话连接或数据流上的状态各有不同，并以此为特征量对流量进行识别。

3.3.3　PaaS 安全

PaaS 是把分布式软件的开发、测试和部署环境当作服务，通过互联网提供给用户。PaaS 可以构建在 IaaS 的虚拟化资源池上，也可以直接构建在数据中心的物理基础设施之上。PaaS 为用户提供了包括中间件、数据库、操作系统、开发环境等在内的软件找，允许用户通过网络来进行应用的远程开发、配置、部署，并最终在服务商提供的数据中心内运行。PaaS 层面安全，需要关注以下几个方面。

1．PaaS 平台安全

PaaS 提供给用户的能力是通过在云基础设施之上部署用户创建的应用而实现的，这些应用通过使用云服务商支持的编程语言或工具进行开发，用户可以控制部署的应用及应用主机的环境配置，不需要管理或控制底层的云基础设施，包括网络、服务器、操作系统或存储等。

云服务提供商为保护 PaaS 层面的安全，首先需要考虑保护 PaaS 平台本身的安全。具体措施为：对 PaaS 平台所使用的应用、组件或 Web 服务进行风险评估，及时发现应用、组件或 Web 服务存在的安全漏洞，并及时部署补丁修复方案，以保证平台运行引擎的安全。同时，尽可能要求增加信息透明度以利于风险评估和安全管理，防止被黑客的攻击。

2．PaaS 接口安全

对于 PaaS 服务而言，它使客户能够将自己创建的某类应用程序部署到服务器端运行，并且允许客户端对应用程序及其计算环境配置通过各类接口进行控制。PaaS 接口范围包括提供代码库、编程模型、编程接口、开发环境等。代码库封装平台的基本功能如存储、计算、数据库等，供用户开发应用程序时使用，编程模型决定了用户基于云平台开发的应用程序类型，它取决于平台选择的分布式计算模型。

由于来自客户端的代码可能是恶意程序，如果 PaaS 平台暴露过多的可用接口，会给攻击者带来可乘之机。例如，用户通过接口提交一段恶意代码，这段恶意代码可能抢占 CPU 时间、内存空间和其他资源，也可能会攻击其他用户，甚至可能会攻击提供运行环境的底层平台。因此，PaaS 层平台的接口安全问题值得重点关注。

云平台接口安全是指如何保证用户可以安全地访问各种业务应用，同时避免来自网络的攻击造成破坏。当用户或者第三方应用欲访问云平台中受保护资源时，需先与云平台认证服务器进行交互，利用自身携带的 access key 及相应的 access key ID 通过 API endpoint 进行认证授权。若认证成功，则可访问云平台中的受保护资源，或者云平台返回处理后的数据。同时，为防止来自网络的攻击，可以在云平台网元设备 API endpoint 处部署防止 DDoS 关键安全技术；为云平台设备 API endpoint 提供 SSL 保护机制，防止中间人攻击篡改、删除用户隐私数据。SSL 是大多数云安全应用的基础，目前众多黑客社区都在研究 SSL，PaaS 提供商应采取一定的技术手段来缓解 SSL 攻击。用户必须要确保有一个变更管理项目，在应用提供商指导下进行正确应用配置或打配置补丁，及时确保 SSL 补丁和变更程序能够迅速发挥作用。开发人员需要熟悉云平台的 API、部署和管理执行的安全控制软件模块。同时，必须熟悉平台特定的安全特性，这些特性被封装成安全对象和 Web 服务，通过调用这些安全对象和 Web 服务实现在应用内配置认证和授权管理。

3．PaaS 应用安全

PaaS 应用安全是指保护用户部署在 PaaS 平台上应用的安全。在多租户 PaaS 的服务模式中，最核心的安全原则就是多租户应用隔离。例如，云服务提供商需要在多租户模式下提供"沙盒"架构，平台运行引擎的"沙盒"特性可以集中维护部署在 PaaS 平台上应用的保密性和完整性，并监控新的程序缺陷和漏洞，以避免这些缺陷和漏洞被用来攻击 PaaS 平台和打破"沙盒"架构。同时，云用户应确保自己的数据只能由自己的企业用户和应用程序访问。

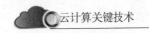

4．非关系型数据库安全

随着云计算的发展，云服务提供商除了考虑部署传统的关系型数据安全机制，同时还需要重点考虑如何保障非关系型（NoSQL）数据库的安全。非关系型数据库存储了大量的视频、音频、图片等数据，可以快速处理海量数据，具有高并发性、高可扩展性等优势。由于 NoSQL 数据库具有分布式的特点，可以拥有多个服务节点。考虑 NoSQL 数据库的安全，需要从两方面考虑。

一方面，需要考虑数据库内部存储及服务节点之间的安全。主要考虑数据库内部的服务间访问、交互及数据库数据存储的安全问题，包括内部服务的访问控制、数据文件存储的保密性、完整性及内部服务的可用性等。

另一方面，需要考虑数据库客户端与服务端之间的安全。主要考虑客户端到服务端之间的访问及交互过程中涉及的安全问题，包括外部用户的访问控制、访问数据的加密传输、数据传输的完整性以及数据可用性等方面，访问控制通常比较重要，它又包括用户身份认证与授权两个方面。

谈及 NoSQL 数据库部署具体安全措施，以 HBase 数据库为例（HBase 是 NoSQL 数据库中安全特性最丰富的产品），可以进行安全策略部署，包括 Kerberos 认证机制、Coprocessor 机制、ACL 访问控制机制等。同时，对 NoSQL 数据库进行安全评估，可以从数据库的保密性、完整性、可用性三方面进行评估打分，使内部管理员了解目前 NonSQL 数据库的安全态势。

3.3.4 SaaS 安全

SaaS 的概念和用法刊登在 2001 年 2 月美国软件与信息产业协会发布的白皮书（《战略背景：软件即服务》）中。起初，Salesforce 公司将 SaaS 应用于客户关系管理行业。当时 SaaS 将应用软件统一部署在服务器上，用户根据自身的实际需求，通过互联网向其定购所需的应用软件服务，并按照定购服务的多少和时间的长短向其支付费用。

在国内，八百客于 2006 年先后推出了全球首个中文 SaaS 在线企业管理软件平台和中文应用软件协同开发平台。目前国内主流的 SaaS 服务提供商有八百客、天天进账网、中企开源、CSIP、阿里软件、友商网、伟库网、金算盘、CDP、百会创造者和奥斯在线等。

SaaS 模式与传统软件模式的架构存在显著的不同。传统软件模式是孤立的单用户模式，即顾客购买软件应用程序并安装在服务器上，服务器只是运行特定的应用程序，并且只对特定的最终用户组提供服务。SaaS 模式是多重租赁的架构模式，即在物理上很多不同的用户共同分享硬件基础设施，但在逻辑上每个用户独享所属的服务。多用户结构设计最大化了用户间的资源分享，但仍可以安全区分每个用户所拥有的数据。例如，一个公司的用户通过 SaaS 的客户关系管理（CRM）应用程序访问用户信息，这个用户所使用的应用程序实例能够同时为几十或者上百个不同公司的用户提供服务，而这些用户对于其他用户是完全未知的。

SaaS 模式的主要优点如下：

1）典型的 SaaS 部署通常不需要任何硬件就能在现有的互联网框架下运行，有时为了使 SaaS 应用程序运行更加稳定，只需更改防火墙的规则和配置。

2）SaaS 的应用程序交付模式很典型地运用了以网络作为基础设施的一对多的交付方式。终端用户可以通过网络浏览器接入 SaaS 应用程序，甚至有些 SaaS 提供商提供其接口用以支持他们应用程序的独有特性。

3）SaaS 模式使得用户可以把应用程序的管理运营外包给第三方（软件提供商或服务提供商），这样可以降低应用程序软件的软件许可、服务器及其他基础设施的开销，其中也包括内部应用程序运维人员的费用。

4）SaaS 模式使得软件提供商得以控制和限制软件的使用，遏制软件的复制和分发，促进其对软件所有衍生版本的控制。SaaS 的集中控制常常可以使得软件提供商或者代理商通过多个业务建立持续的收入，却不需要在用户的每个设备上都预装软件。

SaaS 安全主要包括 3 个方面，分别是物理部署安全、多用户隔离及业务的授权访问。

1．SaaS 物理部署安全

在 SaaS 模式下，用户的数据和资料等都保存在 SaaS 服务器端，服务器端一旦崩溃或存储数据的服务器遭到黑客攻击，这些数据的安全就会受到威胁。所以，物理部署的安全是保证 SaaS 安全的基本需要。

物理部署安全包括管理和技术两方面。管理方面的安全主要是服务器机房的环境安全，包括气体灭火、恒温恒湿、联网电子锁防盗、24h 专人和录像监控、网络设备带宽冗余、口令进入机房等。技术方面服务器数据存储需要加密，网络传输需要采用安全的通信协议。服务器和防火墙的负载平衡、数据库集群和网络储存备份在近几年也成为必须采用的技术。

2．SaaS 多用户隔离

对于 SaaS 服务而言，解决 SaaS 底层架构的安全问题关键在于，在多用户共享应用的情况下如何解决用户之间的隔离问题。

解决用户之间的隔离问题可以在云架构的不同层次实现，即物理层隔离、平台层

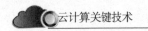

隔离和应用层隔离。

（1）物理层隔离。这种方法为每个用户配置单独的物理资源，以实现在物理上的隔离。用户不用去担心服务器的地理位置和性能，不同的用户可以申请分配到属于自己的不同的服务器，那么用户之间数据就不会发生冲突，同时也达到了隔离的目的。这种方法是最容易实现，安全性较好，但也是硬件成本最高的，能够支持的用户数量也最少。

（2）平台层隔离。平台层处于物理层和应用层之间，主要是封装物理层提供的服务，使用户能够更加方便地使用底层服务。要在这一层上实现隔离，需要平台层能够响应不同用户的不同需求，把属于不同用户的数据按照映射的方式反馈给不同的用户，这样就能够达到隔离的目的。这种方式平台层会消耗较多的资源，实现数据和用户请求的映射，但硬件本比物理层隔离方案低，能够支持的用户数量也比物理层隔离方案多。

（3）应用层隔离。应用层隔离主要包括应用隔离沙箱和共享应用实例方式。

前者采用沙箱隔离应用，每个沙箱形成一个应用池，池中应用与其他池中的应用相互隔离，每个池都有一系列后台进程来处理应用请求。这种方式能够通过设定池中进程数目达到控制系统最大资源利用率的目的。

后者要求应用本身需要支持多用户，用户之间是隔离的，但是成千上万的用户可能使用同一个应用实例，用户可以用配置的方式对应用进行定制。这种方式具有较高的资源利用率和配置灵活性。

3．SaaS 业务授权访问

在传统的业务授权方式中，业务提供商负责整个业务提供过程中的全部工作，包括业务逻辑信息管理、业务资源存储、业务资源提供等。当用户向业务提供商申请某种业务时，业务提供商首先根据用户的用户名和密码等信息对用户进行身份认证，然后根据用户的权限信息对用户申请的业务进行访问控制，最后根据用户的访问控制信息和业务逻辑信息调度业务资源，为用户提供业务。

而在云计算环境下，传统的业务授权方式具有明显的缺点。首先，业务提供商向用户提供业务的效率低。因为业务提供商需要从云服务提供商获取业务资源后，再向用户提供业务。其次，业务提供商的服务负载高。因为业务提供商需要首先调度业务资源，然后才能向用户提供资源。当用户数量庞大，业务提供商调度和提供资源的负载就会很高，这就需要增加业务提供商的资源投资，从而失去业务提供商利用云计算实现降低资源投资的意义。最后，用户访问业务资源的方式有限。因为用户只有通过业务提供商，才能获取相应的资源。

为了解决上述问题，云计算环境下的业务提供方式可以采用用户通过业务提供商颁发的凭证直接访问云计算服务提供商的方式使用户获取业务资源，而且这种方式还保护了业务提供商的用户信息。根据用户获取凭证内容的不同，用户有两种获取资源的方法。

（1）用户从业务提供商获取的访问凭证包括业务资源信息、业务逻辑信息和访问控制信息等。用户可以通过此凭证直接访问云服务提供商，云服务提供商根据此凭证直接向用户提供业务资源。

（2）用户从业务提供商获取的访问凭证包括业务资源信息，但不包括业务逻辑信息和访问控制信息。当用户通过此凭证直接访问云计算服务提供商时，云计算服务提供商需要首先根据此凭证向业务提供商获取业务逻辑信息和访问控制信息，然后根据业务逻辑信息和访问控制信息向用户提供业务资源。具体步骤如下：

1）用户向业务提供商申请资源信息，业务资源信息可为各类业务资源的 ID 等。

2）业务提供商根据用户申请，向用户提供相关资源信息。

3）用户向云计算服务提供商发送业务资源信息，请求访问业务资源。

4）云计算服务提供商确认用户请求中是否携带该资源的访问控制凭证。在没有凭证时，云计算服务提供商根据请求中携带的资源信息获取相应的业务提供商信息，并向该业务提供商发送资源访问控制请求，其中资源访问控制请求中携带用户的标识信息和业务资源信息。

5）业务提供商根据用户的标识信息对用户进行身份认证和访问控制，颁发该业务资源的访问控制信息给云计算服务提供商；资源访问控制信息包括业务资源授权信息。

6）云计算服务提供商对接收的资源访问控制信息进行认证，并向认证通过的用户提供相应的业务资源。

第一类方法的用户从业务提供商获取的凭证中包括权限信息，从而减少了云计算服务提供商获取权限的过程，因此访问业务的效率相对较高。而第二类方法的用户可以更灵活地使用业务，用户可以利用授权凭证随时随地使用业务。因为用户获取的凭证信息相对简单，存放、传输等要求低，并且云计算服务提供商向业务提供商获取用户的权限信息，减少了权限信息的传输环节，降低了权限信息被窃取的风险。

3.3.5 数据安全

传统 IT 系统中，数据的所有权和管理权是统一的，都属于用户本身。而在云计算环境下，最大的不同是用户需要把数据交给云服务提供商，造成数据所有权与管理权的分离。用户拥有数据的所有权，但是数据的管理权不再仅属于用户自己，云服务提供商可以管理和维护本属于用户的私有数据。

传统 IT 系统向云计算系统过渡时，传统的数据保护机制将遭到云计算架构的挑战，云数据在存储、使用及删除过程中都可能产生新的安全需求。云数据安全的需求主要有如下几点：

1）云数据安全需要新的机制保证数据机密性；

2）云计算环境的用户数据共享底层架构，混合存储，需要有效的隔离机制；

3）云数据的冗余存储需要保证数据备份的一致性；

4）用户保存在云端的无用数据需要可靠删除。

云计算模式下，大量企业及用户数据集中在云中存储，如果缺乏安全保障，用户数据可能会被泄露或篡改，尤其是企业用户的数据，可能包含很多商业机密，用户数据可能包含敏感信息，如果泄露出去将给企业及用户造成重大损失，也必将影响云服务提供商的信誉，不利于云计算的发展和应用。

1．云数据加密

云计算环境中的存储数据可以分为两类：静态数据和动态数据。静态数据是指用户的文档、报表、资料等不参与计算的用户数据；动态数据是指需要动态验证或参与计算的用户数据。

静态数据的使用场景一般先进行加密，然后存储在云端。然而这种"先加密再存储"的方法可以有效地处理静态数据，并不适用于需要参与运算的动态数据，因为动态数据需要在 CPU 和内存中以明文形式存在。

（1）静态数据加密机制。

1）数据加密算法。可选择的数据加密算法有两种：对称加密和非对称加密。对称加密算法是它本身的逆反函数，即加密和解密使用同一个密钥，解密时使用与加密同样的算法即可得到明文。常见的对称加密算法有 DES，AES，IDEA，RC4，RC5，RC6 等。非对称加密算法使用两个不同的密钥：一个公共密钥和一个私有密钥。在实际应用中，用户管理私有密钥的，而公钥则需要发布出去。用公钥加密的信息只有私钥才能解密，反之亦然。常见的非对称加密算法有 RSA 以及基于离散对数的 ElGamal 算法、Rabin 算法等。

两种加密技术的优缺点如下：对称加密的速度比非对称加密快很多，但缺点是通信双方在通信前需要建立一个安全信道来交换密钥；而非对称加密无须事先交换密钥就可实现保密通信，且密钥分配协议及密钥管理相对简单，但实现速度较慢。

2）密钥管理方案。对于静态数据加密（如长期的档案存储），一些用户加密他们自己的数据然后发送密文给云服务提供商。这些用户控制并保存密钥，在需要的情况下解密数据。因此云服务提供商必须对用户的密钥进行保护。在存储、传输和备份过程中都必须保护密钥的安全，较差的密钥管理方案可能对加密的数据产生严重威胁。密钥管理方案主要包括密钥粒度的选择、密钥管理体系及密钥分发机制。密钥是数据加密不可或缺的部分，密钥数量的多少与密钥的粒度直接相关。密钥粒度较大时，方便用户管理，但不适合于用户密钥的更新。密钥粒度小时，可实现细粒度的访问控制，安全性更高，但产生的密钥数量大，难以管理。

适合云存储的密钥管理办法主要是分层密钥管理，这种密钥管理体系就是将密钥以分层的方式存放，上层密钥用来加 / 解密下层密钥，只需将顶层密钥分发给用户，其他层密钥均可直接存放于云存储中。考虑到安全性，大多数云存储系统采用中等或细粒度的密钥，因此密钥数量多，而采用分层密钥管理时，用户或可信第三方只需保管少数密钥就可对大量密钥加以管理，效率更高。

可选择的密钥分发机制有：客户端方式、云存储密文分发方式和第三方机构分发方式。根据应用场景的不同，选择适合的密钥分发方式。

上述 3 种方式各有优缺点。客户端方式是用户自行管理密钥，安全程度高，但一旦用户下线，其提供的共享资源将无法被访问，因此该方式更适合私有云存储；云存储通过密文方式分发，充分发挥云存储的存储资源优势，可以随时提供数据共享，但密钥冗余量大，造成大量存储资源浪费；采用第三方机构分发，既安全又可随时共享数据，但对应用场景的要求高，适用范围小，更适于某种特定的应用。

建议云存储的密钥采用 2~3 层的分层管理方式，并使用 PKI 体系中的公私钥算法为用户分发顶层密钥，分发方式采用客户端方式。

3）安全基础设施。为了保证数据的机密性，云服务提供商除了需要提供可靠的密钥管理方案外，还需向用户提供如下安全基础设施：CA 认证中心、签名服务器、安全网关、加密文件系统、硬件 USB Key（做强认证）。

a. 签名服务。CA 中心为每个用户签发证书（保存在 USB Key 内），同时管理用户证书。用户获取证书后即可通过签名服务进行强认证完成身份验证，杜绝用户因密码泄露导致身份被仿冒，进而防止敏感数据泄露。

签名服务可以访问 CA 认证体系中的加密机实现签名、验证签名功能。加密机可以提供高强度的 RSA 公私钥算法支持，也能提供各种对称算法支持，如 AES，3DES 算法。

b. 安全网关。安全网关是安全操作的屏障，它与 USB Key 配合对所有登录用户进行强认证，将非法用户拒之门外。远程客户端可以与安全网关建立安全的传输通道，把用户的私有数据安全地传送到云计算环境中。

安全网关主要功能包括：用户身份认证、安全文件传输、密码服务和安全审计。

c. 远程终端。用户远程终端采用 USB Key 作为用户身份识别。当用户要使用云资源时，首先在安全网关上认证。

终端要实现安全传输客户端功能，集成 FTP 等文件传输协议，并支持断点续传功能。

d. 加密文件系统。加密文件系统组件在指定的云计算应用节点通过与用户进行密钥交换得到文件加密密钥，采用这个密钥完成数据加 / 解密，将解密数据用于计算，运算完成后将加密结果数据保存到本地磁盘或者远程文件服务器。用户数据无论是在 Internet 中传输，还是在机群内部传输均是高强度加密的密文，能有效防止泄密的发生。

软件实现的文件加密算法在 I/O 轻负载时可以满足要求，但是 I/O 操作频繁，软件算法会成为性能瓶颈。因此，加密文件系统将支持访问硬件加密卡提供的密码算法服务，完成加 / 解密运算。

每个用户可以有自己的加密目录，如果在共享文件服务器上，各个用户的加密信息是私有隔离的，也可以把文件设置成多个用户共享，有权限的用户都可以打开加密过的文件进行访问。

（2）动态数据加密机制。

同态加密是基于数学难题的计算复杂性理论的密码学技术。这种技术可实现在加密的数据中进行诸如检索、比较等操作，得出正确的结果，而在整个处理过程中无须对数据进行解密，因此这种加密技术比较适用于动态数据的场景。

同态加密的原理是对经过同态加密的数据进行处理得到一个输出，将这一输出进行解密，其结果与用同一方法处理未加密的原始数据得到的输出结果是一样的。设加密操作为 E，明文为 m，加密得 e，即 $e=E(m)$，$m=E'(e)$。已知针对明文有操作 f，针对 E 可构造 F，使得 $F(e)=E(f(m))$，这样 E 就是一个针对 f 的同态加密算法。

同态加密技术是密码学领域的一个重要课题，目前尚没有真正可用于实际的全同态加密算法，现有的多数同态加密算法要么是只对加法同态（如 Paillier 算法），要么是只对乘法同态（如 RSA 算法），或者同时对加法和简单的标量乘法同态（如 IHC 算法和 MRS 算法）。少数的几种算法同时对加法和乘法同态（如 Rivest 加密方案），但是由于严重的安全问题，也未能应用于实际。2009 年 9 月，IBM 研究员 Craig Gentry 在 STOC 上发表论文，提出一种基于理想格（ideal lattice）的全同态加密算法，成为一种能够实现全同态加密所有属性的解决方案。虽然该方案由于同步工作效率有待改进而未能投入实际应用，但是它已经实现了全同态加密领域的重大突破。

2．云数据隔离

云计算采用多租户模式实现了可扩展性、可用性、可管理性并提升了系统运行效率，但其代价是用户数据的混合存储。虽然云计算应用在设计之初已采用诸如"数据标记"等技术以防非法访问其他用户数据，但由于应用程序漏洞，非法访问事件时有发生，典型案例如谷歌文件非法共享。虽然一些云服务提供商使用额外手段，诸如第三方应用程序的安全验证工具以加强应用程序安全，但从本质上讲，在多租户环境下无法做到数据物理隔离，因此到目前为止还没有安全机制能确保用户数据绝对安全。

在这种多租户环境中，可采用 3 种已经比较成熟的架构实现云数据隔离，即共享表架构、分离数据库架构和分离表架构。

（1）共享表架构。共享表架构即所有的用户共享相同的数据库实例和相同的数据库表，但可以通过用户 ID 等字段来区分数据的从属关系。

由于共享表架构最大化地利用了单个数据库实例的存储能力，所以这种架构的硬件成本非常低廉。但对于程序开发者来说，却增加了额外的复杂度，因为多个用户数据共同存储在相同的数据库表内，这需要额外的业务逻辑来隔离每个用户的数据。此外，这种架构的灾备成本也会很高，因为这不仅需要专门编写数据备份的程序，而且在恢复数据时，需要对数据库表进行大量的删除和插入操作，一旦数据库表包含大量其他客户的数据，势必对系统性能和其他客户的体验带来巨大影响。

（2）分离数据库架构。分离数据库架构即每个用户独享各自的数据库实例。

相对于共享表架构而言，由于每个用户拥有单独的数据库实例，所以这种架构可以非常高效便捷地实现数据的分离和灾备，但硬件成本将非常高昂。

（3）分离表架构。分离表架构即所有用户共享相同的数据库实例，但每个用户独享由一系列数据库表组成的 Schema。

相对于共享表架构和分离数据库架构而言，分离表架构是一种折中的方案，在这种架构下，实现数据的分离和灾备比共享表架构容易，而硬件成本比分离数据库架构低廉。

这 3 种架构根据软件系统客户如何使用数据库实例和数据库表进行划分。如果所有的软件系统客户共享使用相同的数据库实例和相同的数据库表（可以通过类似于租户 ID 字段来区分数据的从属）则为共享表架构；如果每个软件系统客户单独拥有自己的数据库实例则为分离数据库架构；如果软件系统客户共享相同的数据实例，但是每个客户单独拥有自己的由一系列数据库表组成的表结构，则为分离表架构。

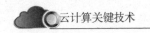

3 种架构的优缺点比较如表 3-3-1 所示。

表 3-3-1 3 种架构优缺点比较

架　　构	优　　点	缺　　点
共享表架构	最大化地利用了单个数据库实例的存储能力，硬件成本低廉	多个客户的数据共存于相同的数据库表内，需要额外的业务逻辑来隔离各个客户的数据，实现灾难备份的成本也非常高
分离数据库架构	每个客户拥有单独的数据库实例，这种架构可以非常高效便捷地实现数据安全性和灾难备份	硬件成本非常高昂
分离表架构	折中的多租户方案，实现数据分离和灾难备份相对共享表架构更加容易一些，硬件成本也较分离数据库架构低	实现数据分离和灾难备份相对分离数据库架构更加困难一些，硬件成本也较共享表架构高

上述 3 种架构都有其优缺点，所以在设计云系统时，系统架构师需要进行全面的分析和考量，综合各方面的因素以选择合适的多租户架构。有一些选择方法可供参考，例如，系统服务的客户数量越多，则越适合使用共享表的架构；对数据隔离性和安全性要求越高，则越适合使用分离数据库的架构。而在超大型的云系统中，一般都会采用复合型的多租户架构，以平衡系统成本和性能，这其中 Salesforce.com 便是一个典型的案例。Salesforce.com 最初搭建于共享表架构，但是随着新客户的不断签入，单纯的共享表架构已经很难满足日益增长的性能要求，Salesforce.com 逐步开始在不同的物理区域搭建分布式系统。在全局上，Salesforce.com 以类似于分离数据库的架构运行，在单个区域内，系统则仍然按照共享表架构运行。

3．云数据备份

数据冗余技术可以有效提升云计算系统安全性与可靠性。数据冗余技术简单来说就是将同一份数据产生多个备份，并将备份存储在不同位置的服务器上。云数据备份会发生副本数据和主版本数据不一致的情况，如主节点发生故障，主节点失效之后数据丢失，更新操作未能及时触发，那么副本和主版本就会发生数据不一致。

解决办法是通过基于版本号的备份策略实现云数据备份一致性，在数据更新之后，按照版本号排序的方法来保证数据备份的一致性。也就是说，为数据的每个版本设定一个版本号，当数据在某个服务器上崩溃时，通过多个版本的版本号来判定更新操作在几个服务器版本中的先后顺序，从而明确是否需要处理版本之间的冲突。举个例子，数据 X 存在 A，B 两台服务器上，在某一台服务器上，数据 X 发生了两次更新，分别产生两个版本：X1（A，版本号 1）和 X2（A，版本号 2），则只需备份版本号较大的版本即可。如果数据 X 在 A 上更新为 X1（A，版本号 1），在 B 上更新为 X2（B，版本号 1），则这两个版本是没有冲突的，存储系统应该调整 XI 及 X2 数据更新结果，保存最新版本 X3（A，B，版本号 1）。

4. 云数据清除

用户将数据存放到云存储中，但这些数据是具有保存期的。通常，企业或者个人用户在存储某一数据到达一定的时间之后，会选择在云存储中删除该数据。

但是，云存储中数据的实际管理者是云存储服务提供商，用户只能向云存储发送一个"删除"的指令，而无法保证云存储真的将该数据彻底从其存储设备中删除。云存储的服务提供商完全可以留下该数据的一个或者多个复制品，却告知用户该数据已删除。在这种情况下，如果用户的加密密钥又意外地泄露或者被窃取，那么该数据的隐私内容就会被云存储服务商获知。

对于这个问题，首先需要依靠具有法律约束的服务等级协议（SLA）来保障用户的隐私安全。SLA 是服务提供商和用户双方经协商而确定的关于服务质量等级的协议或合同，而制定该协议或合同是为了使服务提供商和用户对服务、优先权和责任等达成共识。服务提供商在该协议中应详细描述对用户数据的加密保护、使用的存储服务器及备份的数目，一旦用户的隐私数据泄露，可以利用服务等级协议向法院上诉，从而保护用户的自身利益。

对于企业级别的机密数据，云计算运营商应当采用磁盘擦写、数据销毁算法及物理销毁等方法来对机密数据进行彻底清除。

同时，云存储提供商还应该构建相应的密钥管理中心，负责管理用来加密数据的控制密钥。根据用户的请求，密钥管理中心保存、返回或者删除控制密钥，从而使得用户能够更加安全可靠地使用云存储服务。

3.4 云终端域安全

云终端是指云用户使用的终端设备，包括服务器、桌面电脑、笔记本电脑、平板电脑、手机等。云终端是云计算的接入实体，也是云用户和云计算平台之间联系的纽带。云终端安全是云计算安全的重要环节，也是网络环境下信息安全的关键点。安全的云终端能够更好地保证云用户安全地接入云计算平台，同时减少了云计算平台受到非法访问和恶意攻击的可能性。目前，终端用户大量使用应用商店及互联网下载应用程序，其中很多应用都难以避免地存在安全漏洞，这些漏洞加大了云终端用户被攻击的安全风险，进而危害云计算生态环境的安全。因此，云服务提供商应该采取必要的措施保护云终端的安全，从而在云计算环境下实现端到端的安全。本节将从云终端设备安全与云终端身份管理两方面展开论述。

3.4.1 云终端设备安全

首先，云终端设备在硬件方面需要采用安全芯片、安全硬件/固件、安全终端软件和终端安全证书等技术来提高云终端的安全性，并确保云终端设备不被非法修改和添加恶意功能，同时保证云终端设备的可溯源性。

其次，合理部署安全软件是保障云计算环境下信息安全的第一道屏障，云终端设备在软件方面需要部署安全软件，包括防病毒、个人防火墙，以及其他类型查杀移动恶意代码的软件，以保证系统软件和应用软件的安全性，同时安全软件需要具有自动安全更新功能，能够定期完成补丁的修复与更新。

3.4.2 云终端身份管理

在动态和开放的云计算系统中，云终端可以通过多种方式访问云计算资源，身份管理不仅可以用来保护身份，而且还可以用来促进认证和授权过程。而认证和授权在多租户的环境下可以保证云计算服务的安全访问。通过整合认证和授权服务，可以防止由于攻击和漏洞暴露而造成的身份泄漏和盗窃。身份保护用于防止身份假冒，授权用于防止云计算资源（如网络、设备、存储系统和信息等）的未授权访问。

随着身份管理技术的发展，融合生物识别技术的强用户认证和基于 Web 应用的单点登录被应用于云终端。基于用户的生物特征身份认证比传统输入用户名和密码的方式更加安全。用户可以利用手机上配备的生物特征采集设备（如摄像头、MIC、指纹扫描器等）输入自身具有唯一性的生物特征（如人脸图像、掌纹图像、指纹或声音等）进行用户登录。而多因素认证则将生物认证、一次性验证码（One Time Password）与密码技术相结合，提供给用户更加安全的用户登录服务。为了让读者进一步了解强认证背景知识，下面介绍各种典型的强认证技术。

1．单点登录

单点登录是一种流行的用户身份认证解决方案，旨在于提高用户登录效率，为网站减少网络负担，提高管理员工作效率。单点登录的实现，首先需要多家网站建立网站身份联盟，在身份联盟内部，所有网站互相信任。由身份联盟特定的身份管理提供商（IDP）提供统一的用户名、密码管理。普通用户只需登录一次，即可访问联盟内其他信任的成员网站，而不需要重复登录。单点登录方式可以方便用户在较短的时间内登录不同的网站，不需要记忆大量不同的用户名与密码。

在移动互联网领域，Orange 与 T-mobile 共同引领 Open ID Connect 业务的发展与部署，两家运营商共同推进 N-API fast track 项目。该业务主要应用于用户单点登录访问运营商门户网站上的在线业务与第三方 SP 在线业务。斯里兰卡 Dialog 公司开展了 Dialog connect 业务，为用户提供一种第三方网站应用的单点登录方案，即输入一次用户名、密码，便可在第三方网站进行在线支付业务。

2. 多因素认证方案

利用两种或两种以上物理媒介进行用户的身份认证，以便加强用户身份确认过程的真实性和准确性。例如，在电脑上进行某些关键操作，如支付确认、注册确认等，需要网站系统发送的一次性验证码 OTP 至移动终端，然后将该 OTP 输入网页，从而确保该关键操作人的身份真实性。

斯里兰卡 Dialog 公司为保证 Connect 单点登录业务在用户身份认证的真实性与安全性，采用 SMS-OTP 方案。当用户使用账号登录时，已注册的移动终端会接收到一次性密码，然后输入全电脑 Web 页面中，实现 Connect 用户登录。

3. 生物认证方案

为了解决用户身份认证过程的安全问题，目前业界已经提出了一种利用生物特征识别技术用于识别人类真实身份。用户可以利用自身的生物特征，如指纹、声纹、人脸、虹膜等，无须记忆密码，只需用户通过采集设备输入自身的生物特征样本登录一次就可以访问网站所有相互信任的应用子模块。

采用生物特征识别技术用于用户身份登录可以克服传统密码认证手段存在的缺点。

1）采用用户的生物特征作为用户的唯一身份标识取代传统密码进行登录，由于生物特征属于人体的自然属性，因此无须用户记忆。

2）由于生物特征属于与生俱来的自然属性，所以不涉及记录到纸张上失窃的情况，安全性大大提升。

3）相对于传统密码登录，生物特征更难以被复制、分发、伪造、破坏，以及被攻击者破解。

4）生物特征属于私人的自然属性，因此不可能出现一个账号被共享的情况，避免法律纠纷。

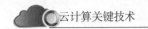

2011 年 5 月，Orange 销售内置生物指纹识别器的智能终端，以保障消费者个人信息安全，特别是可以满足一些特殊岗位工作人员的需求。

根据云环境下的实际情况，下面介绍一种基于生物密钥的移动终端单点登录技术方案（如图 3-4-1 所示），该方案可以减少云服务提供商内部的网络负担，提高云平台管理员的工作效率，提高云用户登录效率，加强内部员工云用户认证安全。

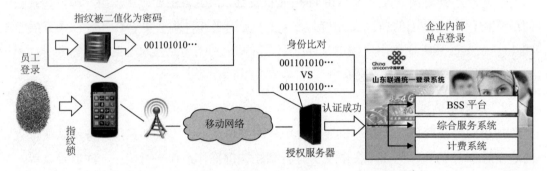

图 3-4-1　基于生物密钥的移动终端单点登录技术方案

该方案大体分为两部分：用户注册与用户单点登录认证。

（1）用户注册流程。如果一个移动用户需要登录云服务提供商的某个网站并访问某项授权服务，第一次登录不可避免地需要注册新用户。注册流程如图 3-4-2 所示。

本方案针对移动云环境下的特性，开发生物密钥技术作为云网络单点登录的用户身份认证手段，图 3-4-2 中的生物特征特指适合移动云环境下的人体生物特征，如指纹等。其中，采集器根据不同类型的特征可以设置相应的生物特征采集器，如指纹识别采集设备、Webcam 等。鉴权服务器与存储服务器均位于云平台内。

终端用户注册流程如下：

1）用户从移动终端发起申请用户注册的会话后，用户可以填写用户信息，采集、上传若干用于训练的注册生物样本。

2）当鉴权服务器接收到生物样本信息后，对用户信息存储服务器发起会话，提出将用户信息、生物样本信息传输到存储服务器的申请。

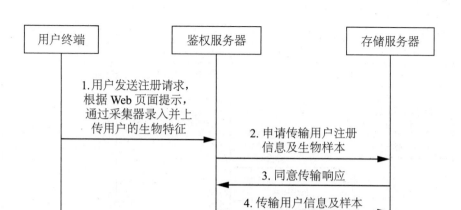

图 3-4-2　用户注册流程

3）存储服务器回应鉴权服务器同意传输的申请。

4）鉴权服务器传输用户信息及生物样本到存储服务器侧。

5）存储服务器回应鉴权服务器传输完成。

6）鉴权服务器回应用户注册成功，整个用户注册部分完成。

（2）用户单点登录认证部分流程。用户单点登录认证部分流程如图 3-4-3 所示。票据服务器、应用服务器与鉴权服务器相同，均位于云平台内。

1）终端登录者发送登录请求，通过登录者声明的用户名，同时利用终端附带的采集器上传登录者生物样本到鉴权服务器。

2）鉴权服务器发送获取被声明的用户名与该用户的生物样本的申请至存储服务器。

3）存储服务器做出响应，将声明用户名及生物样本模板发送至鉴权服务器。

4）鉴权服务器利用生物密钥技术对模板与待测样本进行匹配，若结果匹配说明登录者的身份与其声明身份一致，则身份验证成功；否则，身份验证失败。

其中，生物密钥技术用于身份验证的具体方案如下：

a. 鉴权服务器对登录者提供的样本与若干个用户注册样本进行生物特征提取，每个生物样本都会得到一个对应的特征向量，该特征向量为生物样本的关键点或感兴趣点的坐标集合 $V = \{(x_1, y_2), (x_2, y_3), \ldots, (x_n, y_n)\}$，即由一系列二元组组成的向量。由于本方案针对移动云环境，因此，以指纹作为生物特征是最佳的选择，通过移动智能终端上自带的指纹采集传感器来采集登录用户指纹图像，并以指纹图像的关键点、感兴趣点坐标作为特征向量。此处，需要鉴权服务器建立鉴别攻击者或恶意软件尝试重复登录的安全机制。如果攻击者或者恶意软件连续登录 6 次不成功，则禁止该账号当日

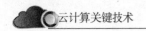

的登录行为。

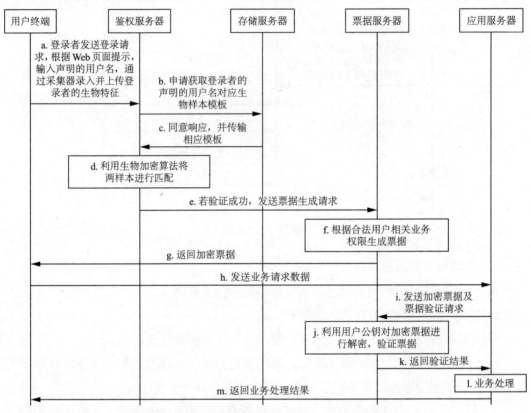

图 3-4-3 用户单点登录认证及处理业务的流程

b. 将用户若干注册样本对应的每对坐标二元组按顺序分为两组集合 A、B 分别存储关键点、感兴趣点的横坐标与纵坐标。利用拉格朗日插值方法拟合出一个多项式曲线解析式，有 $p(x) = a_0 + a_1x + \cdots + a_{n-1} + a_nx^n$，并将该式的系数 $A = \{a_0, a_1, \cdots, a_n\}$ 作为用户密钥 S。

c. 将用户密钥离散化为传统密钥的形式，即二值化字符串：首先，对 S 中系数 A 按大小排序后取出中值 a_m，则离散化后的系数 A' 为：$A' = \{\lfloor \frac{a_i}{a_m} \rfloor | i = 0, 1, 2, \cdots n\}$，其中，$\lfloor \ \rfloor$ 代表下取整运算。这样，系数 A' 被转化为二值化后的字符串，即为密钥 S。

d. 对登录者的生物样本采取与注册时生物样本相同的特征提取方法，然后获取关键点或感兴趣点的坐标集合 $U = \{(x_1, y_1), (x_1, y_1), (x_1, y_1), (x_1, y_1)\}$，然后根据第二、三步获取登录者密钥 S_{test}。若 S_{test} 与 S 的值完全一致，说明登录者的身份与声明身份一致，登录成功；否则，登录失败，鉴权服务器发送登录失败消息至用户终端。

e. 若验证成功，发送票据生成请求至票据服务器侧；若失败，返回用户终端认证失败的消息。

f. 票据服务器根据该用户的相关信息生成包含用户业务权限的票据，用户信息可从存储服务器获取。

g. 票据服务器发送加密票据至客户终端。

h. 用户发送业务请求数据的请求，发送用户终端私钥加密的票据。

i. 应用服务器向票据服务器发送用户的加密票据，并发送票据验证请求。

j. 票据服务器调用用户公钥对加密票据解密，读取该用户的业务权限及有效时长。

k. 票据服务器将以上用户验证信息发送至应用服务器。

l. 若验证成功，应用服务器进行相关业务处理。

m. 应用服务器返回业务处理结果至用户终端。

3.5 云监管域安全

由于不法分子可以利用云平台的能力来危害国家、社会、个人安全，因此必须对其进行监管。但云平台上的信息发布和传播具有不同于以往的特点，给信息监管带来了巨大挑战。为了监控云用户域与云服务域安全，需要在云监管域构建云安全管理平台。一般来说，云安全管理平台需满足以下需求：

（1）运行监控和管埋。一是通过简便的方法监控流量大小、带宽、CPU 利用率、服务器运行状态、自动发现软件、存储空间、多服务器部署及托管应用程序的出错率等；二是实现资源配置管理，为用户提供数据库、虚拟服务器检测、VPN 的弹性和动态管理、软件配置、负荷管理、软件审计、补丁管理、运行时配置管理、通知及报警。

（2）恶意行为监控。云计算安全管理平台能够判断用户的非恰当使用、滥用和恶意使用云计算服务的场景，阻止这些现象的发生，并且识别出这些异常用户。例如，阻止恶意用户使用云计算系统发起洪水攻击、发送垃圾邮件、非法暴力破解密码等。

为了满足以上需求，本节所述的云安全管理平台从安全事件管理、补丁管理、灾难恢复、云安全评估、云安全审计、虚拟化安全协调 6 个方面开展讨论。

3.5.1 事件管理

为提高云计算应用风险预防、业务连续运行能力，云计算服务提供商针对可能影响业务的突发事件进行管理。云安全管理平台具备的事件管理机制包括事件监控、预警和响应。

监控：用来捕捉云服务的安全状态、预测异常情况和提供警告。

预警：针对预先可被部分探知的风险，制定完整的预警应对措施，将损失降低到

可接受的程度。

响应：制定应急事件响应流程。响应流程应包括风险上报、风险评估、风险决策、风险告知、风险警备、数据恢复、应用接管、预警总结。

为了解云计算服务是否在整个基础设施中如期运行，需要进行持续的监控用来捕捉云服务的安全状态，预测异常情况和提供警告。例如，监控虚拟化平台和虚拟机的实时性能。事件管理机制可以在安全事件发生前后，判断问题所在，并做出及时的响应。

3.5.2 补丁管理

为减少安全漏洞，云安全管理平台可以规范、监管安全补丁的管理工作。安全补丁管理过程应至少包括补丁分析、补丁测试、部署安装、补丁检查 4 个环节。安全补丁管理流程可以由安全事件触发，也可以按周期触发。

3.5.3 灾难恢复

云安全管理平台需要具备灾难恢复能力，当遇到灾难时，如系统瘫痪、数据丢失，应尽快恢复到安全状态保证系统正常运转。这个机制可以保证云服务的持续性，保证云服务不会中断。

3.5.4 云安全评估

云安全管理平台的云安全评估机制包括安全风险评估方法、安全风险测评规范体系、安全风险辅助评测工具等。

安全风险评估方法为云计算安全的风险评估提供技术手段和方法支撑安全风险评估关键技术的研究，包括工具漏洞扫描技术、远程渗透测试技术、网络架构分析技术、IDS 采样分析技术等。

安全风险测评规范为云计算安全风险测评提供测评指标和方案规范。安全风险测评规范的具体内容包含风险评估框架及流程、风险评估实施、信息系统生命周期各阶段的风险评估、风险评估的工作形式等。

安全风险辅助评测工具为云计算应用模式下移动互联网安全风险测评提供评测工具和管理平台。风险辅助评测工具的开发主要包含云计算应用模式下移动互联网风险评估模块的开发和云计算应用模式下移动互联网安全测评模块的开发。

3.5.5 云安全审计

云安全管理平台可以建立完善的日志记录及审核机制，通过对操作、维护等各类日志进行统一、完整的审计分析，提高对违规事件的事后审查能力。

（1）审计数据采集。审计数据来源于网络系统层面以及业务层面，其中网络系统层面主要采集虚拟机、虚拟机管理系统、网络设备、安全设备、数据库等的日志信息、告警信息等；业务应用层面主要包括账号权限变更数据、账号登录行为数据、账号登录后各种操作记录等。审计数据应完整记录用户访问过程，包括登录用户的发起点、登录时间、退出时间、登录方式等；同时完整记录租户和管理用户所执行的每一个涉及资源配置或数据变化的行为。审计数据采集需将所有系统时钟时间保持同步，以真实记录系统访问及操作情况。

审计数据需备份到专用服务器或安全介质内，并至少保存半年或更长的时间。

（2）审计数据分析。云业务提供商为审计数据部署安全事件关联分析功能，灵活定制关联分析规则、条件等。

1）网络及系统层面：制定基于规则、基于统计、基于资产的关联分析规则。

2）业务及应用层面：制定基于时序关联规则、基于账号与重要行为的关联规则、基于账号与权限关联规则，以及基于业务操作与系统日志的关联规则。

（3）审计结果。云系统可以对审计数据进行实时监控和实时呈现，呈现方式包括E-mail、弹出窗口、Syslog、SNMP Trap、工单报警、电话通知等。

3.5.6 虚拟化安全协调

云环境中，虚拟化作为云计算的一大特征，相关虚拟资源的快速提供和弹性扩展使得安全管理变得非常困难。当前已有的安全方案，如 VPN 的弹性和动态管理，云基础设施自动的安全监控，还不能完全解决虚拟机的安全管理问题。因此，云安全管理平台需要部署更加完善的虚拟化安全协调机制来协调整个云计算系统中多个层面虚拟化安全管理、协调功能。典型的虚拟化安全协调机制，如云安全管理平台借助虚拟机监控器保护云计算应用的隐私性，从而在操作系统与其他应用不可信的情况下保证虚拟机中应用的隐私数据不会被恶意泄露。

3.6 云计算的计算模型

尽管学术界和企业界有许多研究人员提出了各种各样的云系统模型，但是大多都没有涉及采用云计算解决问题时的计算模型问题。为了解决云中服务器群之间的通信和协作问题，Google 提出了 GFS、Big Table 和 Map Reduce 技术。正是这些技术才使得 Google 可以让几十万台甚至上百万台计算机一起形成"云"，组成强大的数据中心。

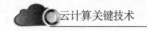

1. GFS Google 文件系统

桌面应用和 Internet 应用有着巨大的差别。GFS 是 Google 公司开发的专属分布式文件系统，为了在大量廉价硬件上提供有效、可靠的数据访问而设计。

GFS 针对 Google 的核心数据存储和使用需求进行优化，用于保存搜索引擎所产生的大量数据。Google 的 Internet 搜索计算借鉴函数式编程模式，函数式操作不会修改原始数据而总是产生新的计算结果数据。因而 GFS 的应用特点是产生大量的巨型文件，通常以读为主，可以追加但很少重写，具有非常高的吞吐率。

GFS 的设计将节点分成两类：一个主节点和大量的块服务器。块服务器用来保存数据文件。每个数据文件被划分成 64MB 大小的块，每个块都有一个唯一的 64 位标签以维护文件到块的逻辑映射。主节点只是存储数据块的元数据，包括 64 位标签到块位置及其组成的文件的映射表，数据块副本位置，哪些进程正在读/写或"按下"某一数据块的"快照"以便复制副本等信息。主节点定期从块服务器接收、更新，以保持元数据的最新状态。

变更操作授权通过限时租用实现，主节点在一定时期内只限时给一个进程授予修改数据块的权限。被修改的数据块服务器作为主数据块将更改信息同步到其他块服务器上的副本，通过多个冗余副本提供可靠性和可用性。

应用程序通过查询主节点从而获取文件/块的地址，然后直接和数据块服务器联系并最终取得相应的数据文件。

目前在 Google 中有超过 200 个 Google 文件系统集群，一个集群可以由 1000 甚至 5000 台机器构成。Google 证明了用最廉价的机器搭建的云同样可以提供高可靠的计算和存储系统。

2. Big Table 数据库系统

Big Table 是 Google 构建在 GFS 及 Chubby（一种分布式锁服务）之上的一种压缩、高效的专属数据库系统，是一种结构化的分布式存储系统。这种数据库是一个稀疏的分布式多维度有序映射表，具有支持行关键字、列关键字以及时间戳 3 个维度的索引，允许客户端动态地控制数据的表现形式、存储格式和存储位置，满足应用程序对读/写局部化的具体要求。

数据库表通过划分多个子表使其保持约 200MB 大小，从而实现针对 GFS 的优化。子表在 GFS 中的位置记录在多个特殊的被称为 META1 的子表的数据库中，通过查询唯一的 META0 子表来定位 META1 子表。Big Table 的设计目的是为了支持 PB 级数据库，可以分布在上万台机器上，更多的机器可以方便加入而不必重新配置。

3．Map Reduce 分布式计算编程模型

GFS 和 Big Table 用于解决大规模分布环境中可靠地存储数据问题，而 Map Reduce 则是 Google 提出的一个软件框架，以支持在大规模集群上的大规模数据集（通常大于 1TB）的并行计算。Map Reduce 是真正涉及云计算的计算模型。

（1）Map Reduce 的软件架构。Map Reduce 架构设计受到函数式程序设计中的两个常用函数——映射（Map）和化简（Reduce）——的启发，用来开发 Google 搜索结果分析时大量计算的并行化处理，比如文献词频的计算等。在函数式程序设计中，Map 和 Reduce 都是构建高阶函数的工具。

映射将某个给定的作用于某类元素的函数应用于该类元素的列表，并返回至一个新的列表，其中的元素是该函数作用到原列表中的每个元素得到的结果。比如：Map f[vl，v2，…，vn]=[f（vl），f（v2），…，f（vn）]。从这里可以看出，这些 f 函数的计算是可以并行的。

Map Reduce 计算模型对于有高性能要求的应用以及并行计算领域的需求非常适合。当需要对大量数据作同样计算的时候，就可以对数据进行划分，然后将划分的数据分配到不同的机器上分别计算。

化简将一个列表中的元素按某种计算方式（函数）进行合并。比如把一个二元运算 f 扩展到 n 元运算：Reduce f[vl，v2，…，vn]=f（vl，（reduce f[v2，…，vn]）=f（vl，f（v2，（reduce f[v3，…，vn]））=f（vl，f（v2，f（…f（vn-1，vn）…））。

Map Reduce 计算模型将前面映射操作所算得的中间结果采用化简进行合并，以得到最后结果。

（2）Map Reduce 的执行过程。Map Reduce 通过将输入数据自动切片而将映射调用分布在多台机器上，进而再对中间结果的键值空间进行划分而将化简调用分布到多台机器上。

首先将数据文件切分成 M 片，然后启动集群上的多个程序拷贝。

一份特殊的拷贝是主节点，而其他的则均为从节点。主节点将"映射"或"化简"的任务分配给空闲的从节点。

被赋予映射任务的从节点读入相应输入数据片内容，分析其键值对并将其传递给用户定义的映射函数。映射函数产生的中间结果的键值对在内存中缓存。

缓存的键值对定期写入本地磁盘，由划分函数分成 R 块。这些缓存的键值对在本地磁盘中的地址被传回主节点，由其负责将地址转发给化简从节点。

当一个化简从节点收到主节点发来的地址时，它用远程过程调用读取映射缓存在

磁盘里的数据。当化简从节点从其分块读取所有中间数据时，先按键值对其排序，从而使相同键的所有数据被放置在一起。

化简从节点迭代处理这些有序的中间数据，针对每个中间键值，Map Reduce 计算模型将对应的一组中间值传给用户的化简函数。化简函数的输出被追加到该化简块。

当所有映射和化简任务完成后，主节点则会通知用户程序。此时，用户程序中的 Map Reduce 调用返回到用户代码。

完成后 Map Reduce 执行的输出结果就在 R 个输出文件中。用户可以将其合并，也可以作为下一次 Map Reduce 调用或其他分布式应用的输入之用。

4．Apache Hadoop 分布式系统基础架构

Google 的 GFS，Big Table 和 Map Reduce 技术是公开的，但是其实现却是私有的。该项技术在开源社区里最具代表性的实现就是 Apache 软件基金会 Hadoop 项目了。Hadoop 是受 Google 的 Map Reduce 和 GFS 的启发而开发的一个开源 Java 软件框架，包括一个基于函数式编程的并行计算模型和分布式文件系统。Hadoop 中还有一个数据库 HBase，它实现了一个类似 Big Table 的分布式数据库，用于支持数据密集型分布式应用，可以在上千个节点上运行，支持 PB 级数据量。

Hadoop 最初开发是用于支持 Nutch 搜索引擎项目，后来 Yahoo 投入大量资金并在其 Web 搜索广告业务中广泛地使用 Hadoop。IBM 和 Google 则发起一项活动，采用 Hadoop 以支持大学的分布式计算机编程课程，这也极大促进了云计算在全球的普及。